LES INDISPENSABLES

DU MÊME AUTEUR
CHEZ ODILE JACOB

Alterscience. Postures, dogmes, idéologies, 2013.
Einstein, un siècle contre lui, 2007.
Les Indispensables mathématiques et physiques pour tous, 2006.

SUR INTERNET

Blog de sciences www.indispensables.net

ALEXANDRE MOATTI

LES INDISPENSABLES

astronomiques et astrophysiques pour tous

Odile Jacob
poches

15, rue Soufflot, 75005 Paris

www.odilejacob.fr

ISBN : 978-2-7381-3017-4
ISSN : 1621-0654

Avant-propos

En 2006, j'ai publié *Les Indispensables mathématiques et physiques pour tous :* pari, relevé par l'éditeur, d'un livre de vulgarisation à destination d'un large public, mêlant mathématiques et physique, et faisant appel à des formules. En cette Année mondiale de l'astronomie 2009, ce double pari reste le même : la formule aide à la compréhension, mathématiques et physique sont intimement liées.

Les mathématiques tout d'abord, et plus précisément la géométrie, sont consubstantielles à l'astronomie : l'inclinaison de l'axe de la Terre (cause des saisons), les phases de la Lune, les éclipses, la position de l'arc-en-ciel exercent notre représentation dans l'espace... ou dans l'Espace ! La physique, ensuite, est au XXe siècle indispensable à la compréhension de l'Univers : c'est de sa complémentarité avec l'astronomie que naît l'astrophysique. Car, entre les patients et passionnés observateurs du ciel que sont les astronomes, héritiers d'une tradition bimillénaire, et les « jeunes » astrophysiciens, toujours plus spécialisés et tout aussi passionnés, la cohabitation n'a pas toujours été aisée... C'est une autre gageure de ce livre que de mêler les résultats anciens de l'astronomie et les découvertes récentes de l'astrophysique. Mais astronomie et astrophysique nous conduisent aussi dans d'autres domaines scientifiques : la géologie (avec la composition des météorites ou l'analyse du champ magnétique terrestre), la climatologie (avec la couche d'ozone ou l'effet de serre), bref, ce qu'on appelle maintenant les « sciences de la Terre » ou plus pompeusement la science du « développement durable ».

Sur le fond, j'ai tâché d'être vigilant pour combattre certaines idées reçues : ce n'est pas l'effet de serre mais son excès qui est nuisible, l'éloignement variable de la Terre au Soleil n'est pas la cause des saisons, les étoiles filantes – fausses amies – ne sont pas des étoiles... Que ceux pour qui c'est évident veuillent bien excuser mon insistance : mais des conceptions encore profondément ancrées chez nous tous, liées à nos observations, par exemple une réelle difficulté à percevoir des distances que l'on dit justement « astronomiques », doivent nous amener, parfois, à nous méfier de nos perceptions et de notre intuition. J'ai aussi été vigilant, sur le fond, à la distinction entre un phénomène et son effet : on observe les effets des ondes gravitationnelles (sur la vitesse de rotation des pulsars binaires), mais on n'a pas encore détecté d'onde gravitationnelle.

Sur la forme, j'ai essayé d'éviter le style amphigourique souvent rencontré en astrophysique, comme « une étoile massive meurt dans une explosion de gloire » : la description des phénomènes physiques nécessite à mon avis un minimum de formules (par exemple dans le cas de la fin de vie des étoiles, les formules chimiques de fusion nucléaire), qui viennent étayer un discours que l'on a préféré sobre. Cette sobriété a été aussi le parti pris de l'iconographie, puisque l'ouvrage ne comporte pas d'illustrations ou de schémas en couleurs : en règle générale, les schémas simples sont largement aussi compréhensibles que les diagrammes multicolores.

Comme dans mon premier ouvrage, j'ai opéré des choix – qui pourront être qualifiés d'arbitraires – dans les thèmes présentés, toute l'astronomie ou l'astrophysique ne pouvant figurer dans un livre de deux cent vingt pages. Ainsi, en astronomie, ce qui relève de la stricte cosmographie comme les coordonnées de déclinaison et d'ascension droite ne m'a pas paru relever de l'indispensable ; pas plus, l'analyse de l'activité solaire ou des caractéristiques physiques des planètes. En astrophysique, les calculs d'équilibre hydrostatique des étoiles ou de taux d'expansion de l'Univers ainsi que les modèles cosmologiques dépassaient largement le cadre de cet ouvrage.

Deux fils directeurs m'ont guidé dans ces choix. Le premier a été un lien le plus étroit possible à l'observation, que ce soit la perception directe des phénomènes astronomiques que vous, lecteur, pouvez avoir, ou que ce soit la perception indirecte que vous en avez *via* les observations des astronomes relatées par la presse ou les livres de vulgarisation. Dans le même esprit de priorité à l'observation, donner le nom des objets célestes m'a aussi paru important : ainsi, les quasars ou les pulsars sont illustrés par certaines propriétés du quasar 3C273 ou du pulsar PSRB1919+21. Mon second fil directeur était le souci de dégager des notions de base en astrophysique : la science s'est tellement spécialisée et complexifiée depuis 1905 – ce phénomène étant amplifié par la conquête de l'espace à partir de 1957 – que manquent à beaucoup d'entre nous les concepts de base formant le corpus de connaissances astrophysiques depuis cinquante ans. Ainsi, la « séquence principale » de vie des étoiles, la notion de pulsar ou de quasar, les rayons cosmiques ou gamma, la récession des galaxies, sont à présent des phénomènes observationnels connus et expliqués, et constituent la base d'une culture scientifique générale.

Ayant privilégié une astrophysique observationnelle, je n'ai pas fait de cet ouvrage un manuel d'astrophysique théorique : la relativité n'y est pas présentée en tant que telle, mais y est largement évoquée, en tant qu'outil de l'astrophysique. Comme les équations de la relativité générale, les équations de Friedmann-Lemaître avec le taux d'expansion ne rentraient pas dans le cadre de cet ouvrage ; la théorie des cordes est simplement mentionnée dans le chapitre 20 parmi les sujets actuels de recherche.

Enfin, l'histoire des sciences, et donc de l'astronomie dans notre cas, est un élément important, voire indispensable, de compréhension : point n'est besoin de le rappeler, peut-être toutefois aux concepteurs de nos programmes scolaires. Si cet ouvrage ne prétend pas être un ouvrage d'histoire de l'astronomie, il s'appuie sur cette histoire quand elle est nécessaire au raisonnement – et c'est bien souvent le cas, y compris sur les cinquante dernières années. L'histoire des sciences aide à comprendre non seulement la science, mais aussi la démarche scientifique, faite de tâtonnements, d'hypothèses, parfois d'erreurs, apportant déceptions ou grandes satisfactions.

Puisse cet opuscule, chers lecteurs, professeurs, ingénieurs, amateurs de science, vous donner l'envie d'approfondir ou de transmettre ces quelques notions d'astronomie et d'astrophysique, d'en découvrir d'autres, et vous aider à mieux comprendre et décrypter l'actualité scientifique féconde en ces domaines.

A. M.,
janvier 2009

CHAPITRE 1

Mouvements de la Terre et calendrier

La Terre est sphérique, tourne sur elle-même et autour du Soleil. Trois affirmations aujourd'hui communément admises, mais cela n'a pas été chose facile. Héraclide du Pont émit, au IVe siècle avant notre ère, l'hypothèse de la rotation de la Terre sur elle-même afin d'expliquer le mouvement apparent des étoiles au cours de la nuit. Ératosthène, un siècle plus tard, calculait de manière expérimentale le rayon de la Terre. Le mouvement de la Terre autour du Soleil fut, lui, plus difficile à admettre : Galilée, adoptant et modélisant l'idée de Copernic, se heurta à l'Église et dut « abjurer » sa théorie[1].

La forme de la Terre

La Terre est sphérique et non plate, nos Anciens l'ont su en voyant depuis la côte un navire disparaître progressivement derrière l'horizon, ou en observant la forme circulaire de l'ombre portée par la Terre sur la Lune lors d'une éclipse de Lune. L'observation d'étoiles différentes suivant la latitude – et notamment d'un hémisphère à l'autre – prouvait aussi que la Terre n'était pas plate. Ératosthène de Cyrène

1. « *Eppur, si muove* », devait-il dire à l'issue de son procès ; c'est-à-dire, en parlant de la Terre, « Et pourtant, elle se meut ».

(276-194 av. J.-C.), directeur de la Bibliothèque d'Alexandrie, par ailleurs inventeur du crible des nombres premiers qui porte son nom, évalue la circonférence terrestre en mesurant les longueurs différentes de l'ombre d'un « gnomon » (bâton planté dans le sol) en deux lieux différents situés à 900 kilomètres de distance, Syène (aujourd'hui Assouan) et Alexandrie. Il obtient une circonférence terrestre de 45 000 kilomètres, mesure d'une bonne précision pour l'époque.

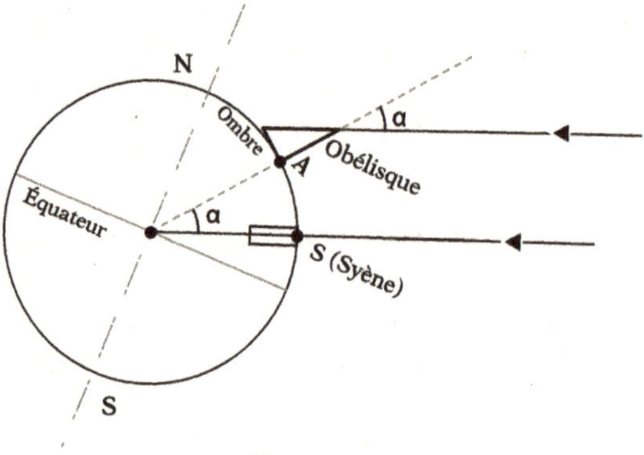

Figure 1 : La ville de Syène (Assouan) est presque située sur le tropique nord, le Soleil y tombe à la verticale d'un puits lors du solstice d'été. Sachant cela, Ératosthène, en mesurant la longueur de l'ombre du gnomon à Alexandrie, déduit un angle α égal à 7° 12′, égal aussi à la distance angulaire entre Syène et Alexandrie (N.B. : ici l'angle α est fortement exagéré). Connaissant la distance entre les deux villes et la hauteur du gnomon, il était en mesure de déduire la circonférence, donc le rayon terrestre.

Plus tard, on s'apercevra que la Terre n'est pas une sphère parfaite. La force centrifuge due à sa rotation sur elle-même a un effet différent aux pôles – où elle est nulle –, et à l'équateur – où elle est maximale. La Terre a donc, en fait, la forme non d'une sphère mais d'une quasi-sphère, un ellipsoïde aplati aux pôles et enflé à l'équateur. Cet aplatissement a une valeur relative de l'ordre de 1/298, c'est-à-dire que l'équateur est plus long que tout méridien terrestre d'une longueur d'environ 128 kilomètres. C'est le mathématicien français Maupertuis (1698-1759) qui, en menant des expéditions au

Pérou et en Laponie pour mesurer la longueur de l'équateur et d'un méridien, mit en évidence cette forme d'ellipsoïde.

La rétrogradation des planètes

Une des observations les plus curieuses faites de tout temps sur la voûte céleste est la rétrogradation des planètes extérieures, tout particulièrement celle de Mars, la plus proche de la Terre. Cette

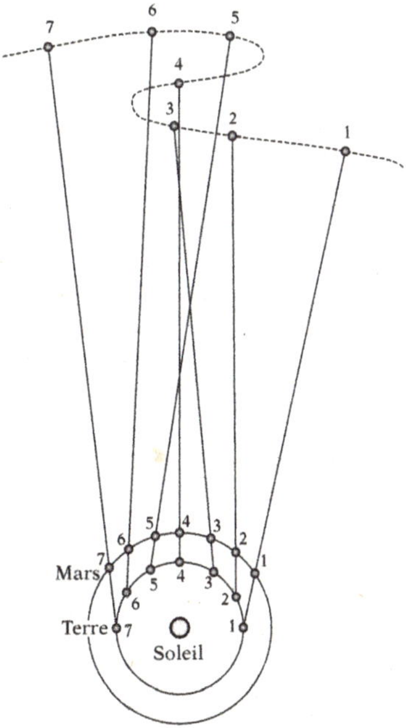

Figure 2 : La Terre, évoluant sur une orbite plus petite, va plus vite que Mars dans son mouvement de révolution autour du Soleil (la révolution de Mars se fait en 1,88 année terrestre) : comme on le voit sur la figure, observée sur la « voûte céleste », la planète Mars semble revenir en arrière entre les positions 3 et 4, puis 4 et 5. C'est le mouvement apparent de rétrogradation.

observation géométrique simple de la trajectoire de Mars s'explique par sa vitesse de rotation moins grande sur son orbite, et par le fait qu'on l'observe depuis la Terre, elle-même en mouvement.

Cette observation, pourtant facilement explicable dans un système héliocentrique, comme on le voit sur la figure 2, allait être à la source d'un système qui restera en vigueur près de quinze siècles, le système géocentrique de Ptolémée du mouvement des planètes, avec ses « épicycles » et ses « déférents ».

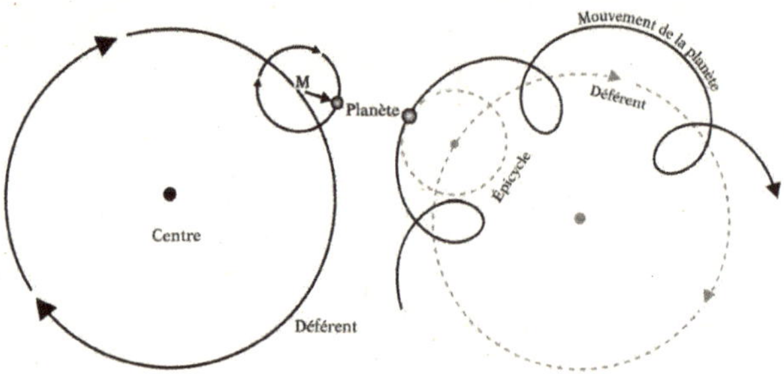

Figure 3 : Schéma simplifié du système géocentrique de Ptolémée. Les planètes tournent autour de la Terre dans un mouvement composé : elles tournent sur un cercle dit épicycle, dont le centre tourne lui-même autour de la Terre. Ce mouvement complexe permettait de rendre compte, notamment, de la rétrogradation des planètes (*figure de droite*). D'un point de vue mathématique, un point situé sur le cercle épicycle décrit (*figure de droite*) une courbe de type cycloïde : c'est la même courbe que décrit la valve de gonflage du vélo quand la roue avance.

Il était pourtant un astronome grec, visionnaire, qui dès l'Antiquité avait fait l'hypothèse de la rotation de la Terre autour du Soleil : Aristarque de Samos (env. 310-230 av. J.-C.) avait évalué la distance de la Terre au Soleil, et la taille du Soleil, en s'appuyant sur les phases de la Lune, notamment sa quadrature. Trouvant un diamètre du Soleil 20 fois plus grand que celui la Terre – la proportion exacte est 109 fois plus grande –, il avait émis l'idée que l'astre plus petit, la Terre, tournait autour du plus grand, le Soleil.

Rotation et translation

La Terre tourne sur elle-même. Cette rotation est souvent appelée « mouvement diurne » de la Terre. Pourquoi « diurne » alors que ce mot est plutôt utilisé par opposition à « nocturne » ? Parce que ce mouvement dure une journée (latin *dies*, « jour, journée »). Ce mouvement n'a pu faire l'objet que très tardivement d'une vérification expérimentale : c'est en 1851 que l'expérience de Foucault au Panthéon en démontre les effets sur le pendule. Soumis à une force de Coriolis liée à la rotation de la Terre, et de valeur différente suivant la latitude, le pendule fait le tour de son cadran en un jour au pôle, mais ne tourne pas autour de son cadran à l'équateur ; sa période prend toutes les valeurs intermédiaires entre 1 jour et l'infini quand il passe par les latitudes intermédiaires (par exemple, au Panthéon à Paris, il tourne autour de son cadran en 30 heures). C'était la première confirmation expérimentale, par une mesure faite sur Terre, de la rotation de notre planète sur elle-même.

Figure 4 : Le pendule monté par Foucault au Panthéon, le 2 décembre 1851 (illustration du *Journal des débats*, où Foucault était « journaliste scientifique ». © Musée des Arts et Métiers)

La Terre tourne aussi autour du Soleil. Au terme de « rotation », on préfère celui de « révolution ». Certains parlent même d'un mouvement de « translation » : ce terme aide à comprendre le fait que l'axe des pôles terrestres pointe toujours vers la même direction pendant ce mouvement.

Combien dure un jour ?

24 heures, bien évidemment ! Pourquoi ? Parce que c'est ainsi qu'il est défini. Le Soleil traverse toutes les 24 heures le méridien passant par un lieu donné de la Terre. Mais cette durée ne correspond pas à celle d'un tour de la Terre sur elle-même, qui pourtant pourrait paraître comme une autre définition de la durée d'un jour.

Comme on le voit sur la figure, le passage du Soleil au méridien d'un lieu donné a lieu légèrement après que la Terre a effectué un tour sur elle-même : en effet, pendant la durée considérée, la Terre a avancé

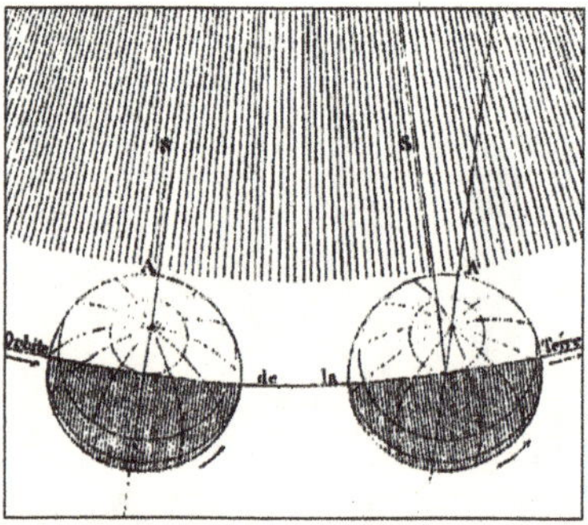

Figure 5 : La Terre a fait un tour sur elle-même quand elle se retrouve en A, au moment où les droites issues de A dans les deux positions sont parallèles : il s'agit du jour sidéral (pris par rapport à un repère indépendant de son mouvement autour du Soleil, par exemple par rapport à la voûte céleste). Mais, à ce moment-là, en A dans la position de droite, le Soleil, symbolisé par les rayons portant les lettres S, n'est pas encore passé au méridien, il ne le fera que quelques instants plus tard (illustration C. Flammarion, *Astronomie populaire*).

sur son orbite de révolution, et l'axe Terre-Soleil n'est plus tout à fait le même (ce qui n'arriverait pas si la Terre était immobile). La durée séparant deux passages du Soleil au méridien d'un lieu donné est le *jour solaire* ou *jour civil* (soit 24 heures), la durée de rotation de la Terre sur elle-même, légèrement plus courte, est le *jour sidéral*, de 23 h 56 min 4 s, soit 86 164 secondes. Le jour sidéral est ainsi appelé car il correspond à la durée d'un tour de la Terre sur elle-même mesurée par rapport aux étoiles. Une étoile donnée (hors le Soleil) repasse au méridien d'un lieu donné toutes les 23 h 56 min 4 s. C'est le *jour absolu*, caractérisant le mouvement diurne de la Terre indépendamment de son mouvement autour du Soleil, et indépendamment du jour civil correspondant au rythme de l'activité humaine.

C'est en effet le jour solaire qui est utilisé dans la vie « quotidienne » pour le réglage de nos montres et de notre agenda, car c'est celui qui rythme le jour et la nuit (passage du Soleil au méridien, d'un côté ou de l'autre). Si l'on prenait le jour sidéral comme étalon de la durée d'une journée, avec un décalage de près de 4 minutes par jour, on se retrouverait au bout de six mois[1] avec midi à minuit, ce qui pour nos montres n'est pas très gênant, mais l'est sans aucun doute pour notre vie quotidienne !

Histoires de calendrier(s)

L'homme définira plusieurs durées rythmant sa vie en s'appuyant sur les phénomènes naturels observés. L'alternance du jour et de la nuit définit la journée. Le rythme des lunes permettra de répondre au besoin de définir une durée de temps plus longue, le mois. Le rythme des saisons, sensible dans les régions tempérées, induit l'année, dont la durée est liée au mouvement de la Terre autour du Soleil. Elle est définie par le passage de la Terre au même

1. Un décalage de 4 minutes par jour conduit sur 6 mois (180 jours) à un décalage de 720 minutes, soit 12 heures !

endroit précis sur son orbite. Elle est égale à 365 jours 5 h 48 min 47 s, soit 365,242 jours, légèrement inférieure à 365 jours un quart[1].

Jules César, en 46 av. J.-C., prit cette durée de 365 jours un quart comme base du calendrier qui porte son nom, le calendrier *julien,* fondé sur un cycle de quatre années, avec une journée supplémentaire dans l'une d'elles : c'est l'année bissextile[2], permettant de se recaler sur le mouvement de la Terre autour du Soleil. Là encore, si l'on ne faisait pas cet ajustement, ce n'est pas midi en pleine nuit qu'on aurait, mais en sept cents ans la neige en juillet ! L'ajustement a lieu fin février, dernier mois de l'année du calendrier julien. Cette année commençait au mois de mars : d'où les noms de septembre, octobre, etc., attribués au septième, huitième mois de l'année dans le calendrier romain. Certains mois avaient été dédiés à des dieux (mars au dieu éponyme, juin à Junon), le Sénat romain dédiera le mois de juillet à Jules César et celui d'août à l'empereur Auguste en égalisant la durée de ces deux mois, afin que n'apparaisse aucune différence entre les deux hiérarques !

Toutefois, l'ajustement bissextile de Jules César ne s'avéra pas tout à fait suffisant, puisque la durée du mouvement de la Terre est légèrement inférieure à 365 jours un quart, exactement 365 j 5 h 48 min 47 s. Ce décalage de 11 min 13 s (soit 673 s par an) a provoqué bien des avatars de calendrier... Ainsi, en 1582, plus de seize siècles après César, toujours à Rome, le pape Grégoire XIII mit en place le calendrier *grégorien,* qui, entre autres modifications, permettait de rattraper ce retard du calendrier civil par rapport au

1. Pour faire le lien avec le paragraphe précédent, l'année correspond à environ 365 jours solaires et un quart, et environ 366 jours sidéraux et un quart : en fait, la Terre fait 366 tours et un quart sur elle-même en un an. Notons au passage que les durées des deux mouvements de la Terre sont incommensurables, c'est-à-dire que la durée du mouvement de translation n'est pas un multiple entier de la durée du mouvement diurne.

2. Le jour bissextile doit son nom à *bis sexto ante calenda martii,* ce qui signifie « répétition du sixième jour avant les calendes de mars » (à l'époque cela correspondait au 24 février).

calendrier de la Terre : à Rome, le jeudi 4 octobre 1582 a été suivi du vendredi 15 octobre[1]. En France, cet ajustement eut lieu deux mois plus tard, lors du règne d'Henri III : le 9 décembre 1582 fut suivi du 20 décembre. La Russie n'adopta le calendrier grégorien qu'en 1918 – après la révolution d'octobre 1917[2] – en sautant treize jours et non dix, le décalage s'étant accru entre-temps.

Afin d'éviter l'accumulation d'un tel décalage à nouveau, le calendrier grégorien, institué à partir de 1582, stipulait aussi que les années correspondant aux siècles ne seraient bissextiles que si elles étaient divisibles par 400 : ainsi, 1900 n'est pas une année bissextile (alors que 2000 l'est), ce que nos arrière-grands-parents savaient, mais que nous ignorons[3]. Les astronomes, pour qui le futur est écrit, ont déjà prévu que les années multiples de 4 000 ne seraient, elles, pas bissextiles.

Enfin, ce n'est aussi que depuis la fin du XVIe siècle qu'en France l'année commence le 1er janvier ; avant Charles IX (1563), elle commençait, comme sous Jules César, au 1er mars. De la même manière, le réglage des heures entre différents pays était très laxiste : chaque pays, voire chaque région, vivait à « son » heure solaire ; on peut supposer que Stendhal, voyageant en Italie, devait, après avoir passé la frontière, demander l'heure, qui n'était ni la même ni décalée d'une heure. Ce n'est qu'avec l'arrivée des chemins de fer que le besoin s'est fait sentir de la définition d'un temps universel : les fuseaux horaires sont créés en 1884 sur la base du méridien de Greenwich.

---

1. Ces 673 secondes annuelles accumulées sur environ 1 630 ans environ conduisent à 300 heures, soit plus de 10 jours, mais des réajustements ponctuels avaient déjà eu lieu entre Jules César et Grégoire XIII.
2. C'est pour cette raison que les dirigeants soviétiques, jusqu'à la fin du régime, fêtaient la révolution du 25 octobre 1917 le 7 novembre de chaque année.
3. Sur la période 1601-2000, depuis l'institution du calendrier grégorien, ce rattrapage de 3 jours (pas de 29 février 1700, 1800, 1900) sur quatre cents ans correspond à un réajustement de 2×10^{-5}, *grosso modo* la différence entre l'année effective et 365 jours un quart sur la période.

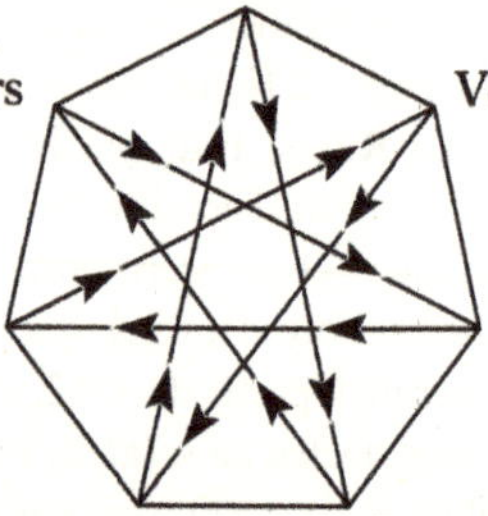

Figure 6 : La figure de l'heptagone chaldéen donne l'explication des noms des jours dans de nombreuses langues. Les Anciens classaient les « planètes » (étymologiquement « astres errants », auxquels appartenait le Soleil, tous censés tourner autour de la Terre) en fonction de leur distance supposée à la Terre. La première était la Lune (lundi, jour de la Lune), la seconde Mars (mardi, jour de Mars), la troisième Mercure (mercredi, jour de Mercure), la quatrième Jupiter (jeudi, *jovis dies* en latin, jour de Jupiter), la cinquième Vénus (vendredi, jour de Vénus), la sixième Saturne (samedi, *saturday* en anglais, jour de Saturne), la septième le Soleil (*Sonntag* en allemand, ou *sunday* en anglais, le jour du Soleil).

Pourquoi la Terre perd le nord ?

Vers 130 avant J.-C., l'astronome Hipparque mesure des positions d'étoiles lors d'une éclipse de Lune[1] : il remarque, par rapport aux positions d'étoiles relevées par Timocharis d'Alexandrie cent cinquante ans auparavant, un décalage angulaire sensible de 2° environ. Il observe aussi que le point de lever du Soleil le jour de l'équinoxe (égalité du jour et de la nuit, 21 mars et 21 septembre) se déplace chaque année d'environ 0,8 minute d'arc (soit 2° en cent

1. On mesurait la position des étoiles par rapport à la Terre lors des éclipses de Lune : au milieu de l'éclipse, on savait que les trois astres étaient parfaitement alignés. Or on connaissait les tables de position du Soleil par rapport à la Terre : en mesurant la position des étoiles par rapport au centre de la Lune éclipsée, on obtenait leur position par rapport à la Terre elle-même.

cinquante ans) : les équinoxes ont lieu légèrement avant la date attendue dans le cadre du mouvement de la Terre analysé à cette époque. Il fit la relation entre ces deux effets et en donna l'explication par ce qu'on appelle maintenant la précession des équinoxes[1].

On sait que l'axe de rotation de la Terre autour d'elle-même, ou axe des pôles, est incliné de 23,5° par rapport au plan de rotation de la Terre autour du Soleil : toutes les représentations du globe terrestre le montrent. Mais, en outre, l'axe des pôles ne reste pas fixe : tout en conservant son inclinaison de 23,5°, il décrit un cône d'angle de 23,5° en 25 800 ans.

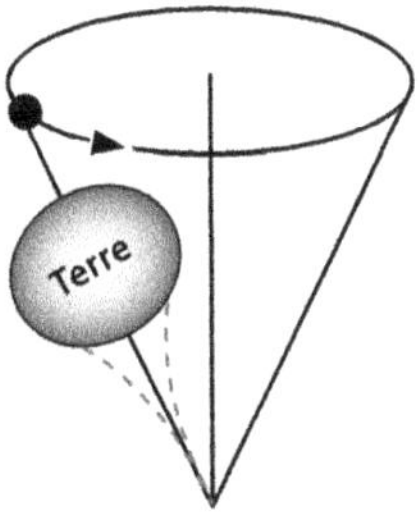

Figure 7 : La précession des équinoxes est un effet gyroscopique : la Terre, avec son renflement équatorial, se comportant comme une toupie : lorsqu'on fait tourner une toupie, au départ les forces centrifuges équilibrent le poids, la toupie tourne suivant un axe vertical ; quand le mouvement faiblit, elle ne tombe pas directement, mais son axe de rotation se met à décrire un cône : c'est la précession de son axe de rotation.

C'est bien parce que la Terre est assimilable à une toupie, avec un « bourrelet équatorial » dû à son mouvement sur elle-même (*cf.* ci-dessus), que ce mouvement de précession existe. Contrairement à la toupie qui finit par tomber, le mouvement est permanent dans le cas de la Terre, mais c'est le même phénomène qui est à

1. Le terme de « précession » se rencontre souvent en astronomie : précession des équinoxes, précession du périhélie de Mercure... Il découle du verbe « précéder ». Un phénomène a lieu avant qu'on s'y attende, ce qui traduit un mouvement secondaire jusqu'alors inconnu.

l'œuvre : les forces de gravitation exercées par le Soleil sur le renflement équatorial n'équilibrent pas les forces centrifuges de rotation de la Terre sur elle-même ; elles cherchent à ramener la Terre sur un axe de rotation vertical – et non incliné comme il l'est. Et, comme la Terre, en rotation, subit des forces centrifuges, c'est l'effet gyroscopique qui s'applique, à la Terre comme à la toupie : la composante du couple de rotation dû à l'attraction solaire et du couple centrifuge donne une rotation dans la troisième direction (force de Coriolis égale au produit vectoriel des deux effets), et c'est l'axe polaire lui-même, comme celui de la toupie, qui se met à tourner en décrivant un cône.

Ces lois physiques se traduisent par les deux phénomènes mis en évidence par Hipparque :

a) la précession des équinoxes, c'est-à-dire le fait que, chaque année, le point d'équinoxe apparaît plus tôt, de l'ordre de 50 secondes d'arc par an ; si l'on a du mal à se le représenter, pensons comme l'axe des pôles N-S à un axe E-O dans le plan écliptique qui représente l'équinoxe, et qui comme l'axe N-S se déplace.

b) le caractère variable du nord polaire dans la voûte céleste ; actuellement c'est *Polaris*, dite étoile Polaire, qui indique le nord ; il y a 13 000 ans, c'était l'étoile Véga qui l'indiquait, comme elle le fera dans 13 000 ans. Et voilà pourquoi la Terre perd le nord !

CHAPITRE 2

L'inclinaison de l'axe des pôles

Le Soleil a des effets importants sur la vie terrestre, notamment les saisons et la durée variable du jour et de la nuit : contrairement à une idée reçue liant les saisons à la distance variable entre la Terre et le Soleil, c'est l'inclinaison de l'axe des pôles qui en est la cause unique. D'ailleurs, l'orbite terrestre n'est que très faiblement elliptique, la distance Terre-Soleil variant peu, entre 147 et 152 millions de kilomètres. Il arrive aussi que l'axe d'inclinaison des pôles soit invoqué pour expliquer les saisons, mais uniquement parce qu'il provoque une légère variation de la distance Terre-Soleil (*cf.* figure 1, on est apparemment plus proche du Soleil en été). Ces deux explications sont inexactes, et d'ailleurs la distance la plus courte de la Terre au Soleil (147 millions de kilomètres, le fameux « périhélie ») est actuellement atteinte en janvier, soit pendant l'hiver de l'hémisphère Nord !

L'inclinaison de l'axe des pôles, cause des saisons

Grâce aux mappemondes, cette inclinaison est bien connue, mais ses conséquences sur la formation des saisons, comme sur la latitude des tropiques ou des cercles polaires, le sont moins : de fait, la valeur de l'inclinaison de 23,5° est aussi en relation – ce n'est pas un hasard – avec la latitude des parallèles terrestres les plus importants, les deux tropiques et les deux cercles polaires. En effet, dans l'hémisphère Nord, le tropique du Cancer est à 23,5° de l'équateur, et le cercle polaire arctique est à 66,5° de l'équateur, c'est-à-dire à 23,5° du pôle Nord ; dans l'hémisphère Sud, le tropique du Capricorne est à 23,5° de l'équateur, et le cercle polaire antarctique est à 66,5° de l'équateur, c'est-à-dire à 23,5° du pôle Sud.

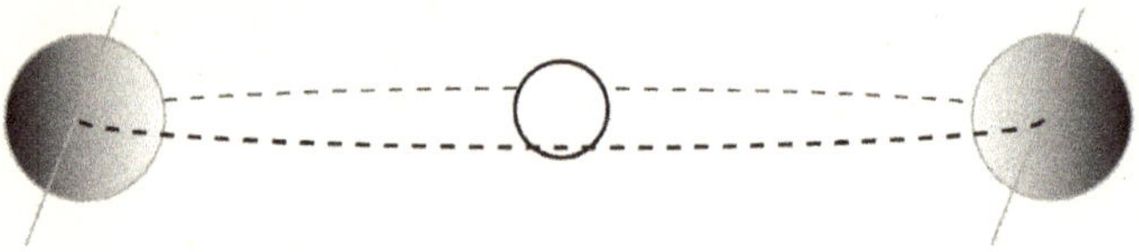

Figure 1 : Mouvement de la Terre autour du Soleil, l'axe des pôles reste incliné à 23,5° ; à droite, c'est l'hiver dans l'hémisphère Nord et l'été dans l'hémisphère Sud, à gauche c'est le contraire.

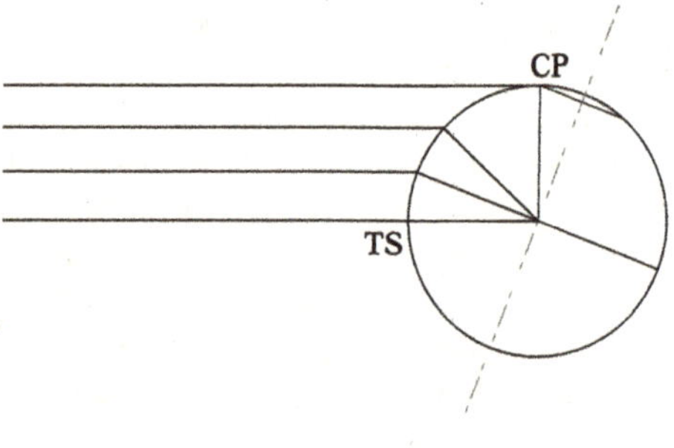

Figure 1 *bis* (*détail de la situation de droite*)
1) Lors du solstice du 21 décembre, le rayon du bas arrive sur le tropique du Capricorne au point TS, dans l'hémisphère Sud, au zénith, c'est-à-dire dans le prolongement du rayon de la Terre en ce point. C'est l'été dans l'hémisphère Sud.
2) Lors du même solstice, le rayon du haut arrive sur le cercle polaire arctique au point CP, dans l'hémisphère Nord, de manière totalement rasante, c'est-à-dire qu'il se confond avec la tangente en ce point. La zone située au-dessus du cercle polaire arctique n'est pas éclairée par le Soleil, même quand la Terre tourne autour de son axe : c'est la nuit polaire.

En complément de cette discussion, et à l'aide de la figure 2, on définit trois zones aux caractéristiques bien différentes :

— les zones polaires sud et nord entre 1 et 1′ : elles sont délimitées par les cercles polaires, situés à 23,5° des pôles (le même angle que celui de l'inclinaison de l'axe des pôles). À droite, le Soleil est absent dans la zone du pôle Nord (c'est la nuit polaire, il ne se lève pas), et présent en permanence dans la zone du pôle Sud (ce qu'on appelle le soleil de minuit).

— la zone tropicale située entre 2 et 2′ : elle est définie géométriquement comme étant la seule où le Soleil passe au zénith au moins une fois dans l'année : il y passe au point 2′ du tropique Sud à droite le 21 décembre, ou point 2′ du tropique Nord à gauche le 21 juin, et entre-temps il est une fois au moins au zénith sur tous les points de la zone. Cette zone délimitée par les deux tropiques a trois caractéristiques : tout au long de l'année, l'ensoleillement y est proche du zénith, ce sont des zones chaudes ; les durées de jour et de nuit y sont peu variables ; enfin, les saisons sont peu marquées.

— les zones tempérées, situées entre 1 et 2, qui ont des caractéristiques intermédiaires. Le Soleil n'y est jamais au zénith. La durée du jour varie pendant l'année, ce d'autant plus qu'on est plus proche du point 1. Enfin, les saisons y sont sensibles : du point de vue de la durée du jour, elles sont plus marquées que dans la zone tropicale, mais le sont moins que dans les zones polaires, où une saison équi-

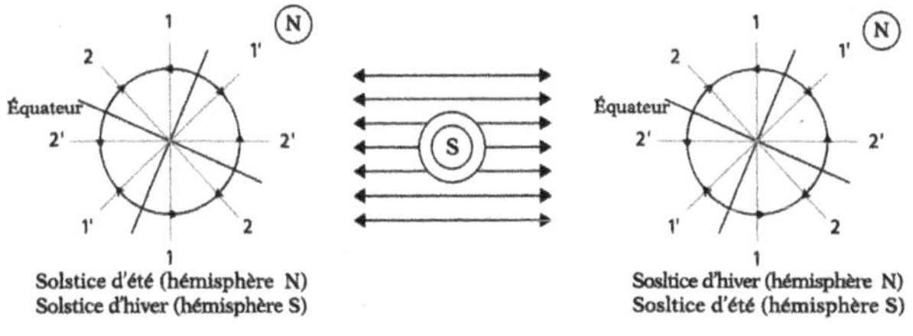

Figure 2 : Délimitation géométrique des trois zones : deux zones polaires (1 à 1′, au sud et au nord), une zone tropicale (2 à 2′), deux zones tempérées (le reste, entre 1 et 2, et entre 1′ et 2′).

vaut à une journée ou à une nuit de six mois ; du point de vue des différences de température, elles y sont plus marquées que dans les zones tropicales ou polaires. Entre 1 et 2 à droite, l'inclinaison du Soleil varie entre 0° (point 1) et 43° (point 2), c'est l'hiver dans l'hémisphère Nord ; entre 1′ et 2′ à gauche, l'inclinaison du Soleil varie entre 90° (point 2′) et 47° (point 1′), c'est l'été dans l'hémisphère Nord.

La température variable au cours des saisons est de fait déterminée par l'angle d'incidence des rayons solaires : plus les rayons du Soleil arrivent verticalement, plus la surface considérée sur Terre reçoit de chaleur ; plus ils arrivent de manière rasante, moins elle reçoit de chaleur.

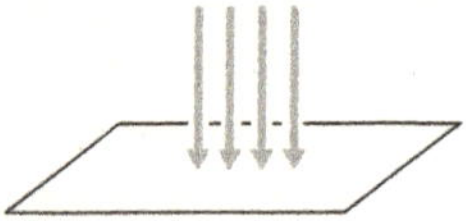

Figure 3.1
Détail figure 1 *bis* au tropique du Capricorne : incidence verticale des rayons.

Figure 3.2
Détail figure 1 *bis* au cercle polaire arctique : incidence rasante des rayons.

Si on appelle U l'unité de chaleur au mètre carré véhiculée par le Soleil en incidence zénithale à la surface terrestre, et θ la « hauteur » du Soleil (l'angle fait par ses rayons avec le sol), la quantité de chaleur reçue par mètre carré est $U \times \sin\theta$: elle vaut U quand le Soleil est au zénith ($\theta = 90°$, figure 3.1), elle est nulle quand il est « rasant » (θ voisin de 0°, figure 3.2).

Notons qu'à la valeur d'incidence s'ajoute un autre effet qui lui est corrélé, à savoir la durée variable du jour et de la nuit : par exemple, dans la zone tempérée nord, en hiver, non seulement l'incidence est plus rasante qu'en été, mais par surcroît elle dure moins longtemps qu'en été, puisque la nuit est plus longue. Le Soleil, plus rasant en hiver qu'en été, a moins de temps pour réchauffer la zone, d'où une seconde cause des températures hivernales.

Idées reçues sur la cause des saisons

Par rapport à l'effet d'incidence, les variations de distance Terre-Soleil dues au caractère elliptique de la trajectoire de la Terre (elle ne forme pas tout à fait un cercle dans sa rotation) ou à l'inclinaison de l'axe des pôles (figure 4, un point donné du globe paraît plus proche du Soleil en été qu'en hiver) sont négligeables dans la variation de température.

Si l'on revient à l'unité de chaleur U ci-dessus, elle varie en fonction de l'inverse du carré de la distance : le différentiel de chaleur reçue par la Terre quand elle est le plus proche (d = 147 000 000 km) ou le plus lointaine (d = 152 000 000 km) du Soleil est de l'ordre de 6 % : ce différentiel est peu significatif par rapport à l'effet d'incidence des rayons qui peut aller jusqu'à 100 % (de 0 en lumière rasante à U en lumière zénithale).

Durée variable du jour et de la nuit

Dans sa rotation autour du Soleil, la Terre passe par quatre positions bien connues (équinoxe de printemps, solstice d'été, équinoxe d'automne, solstice d'hiver).

Entre A et C, il n'y a pas *invariance par rotation* de la sphère terrestre (sinon le pôle Nord en C resterait à l'opposé du Soleil) ; c'est ce qui fait désigner parfois la révolution de la Terre autour du Soleil comme une *translation* : cette désignation est paradoxale pour une boucle fermée, mais permet de se prémunir du piège visuel de l'invariance par rotation.

La durée variable du jour et de la nuit se déduit directement de la discussion des trois zones dans la figure 2 ci-dessus ; il suffit de faire tourner la Terre autour de son axe dans cette figure ou dans la figure 4 ci-dessous :

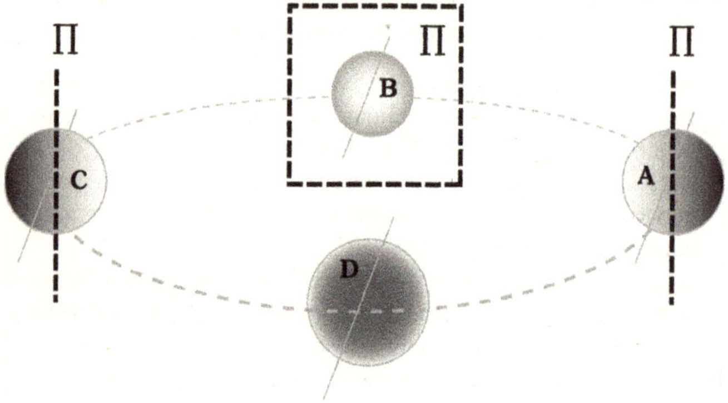

Figure 4 : position de l'axe des pôles par rapport au plan Π perpendiculaire au plan de l'écliptique.
— Point A (solstice d'hiver dans l'hémisphère Nord) : l'axe des pôles forme son angle maximal de 23,5° avec le plan Π (dont on voit seulement la tranche) ; le pôle Nord forme un angle saillant de 23,5° dans la direction opposée au Soleil par rapport à ce plan, l'hémisphère Nord est en grande partie situé du côté du plan qui est opposé au Soleil (à droite dans la figure), l'incidence y est plus rasante et la durée de la nuit plus grande que celle du jour ; le pôle Sud forme un angle rentrant de 23,5° dans la direction du Soleil par rapport à ce plan, l'hémisphère Sud est en grande partie situé du côté du plan qui est face au Soleil, l'incidence y est moins rasante et la durée de la nuit plus petite que celle du jour.
— Point B (équinoxe de printemps) et point D (équinoxe d'automne) : l'axe des pôles se situe dans le plan Π ; aucune dissymétrie n'existe entre les deux hémisphères.
— La description du point C (solstice d'été dans l'hémisphère Nord ou d'hiver dans l'hémisphère Sud) est symétrique de celle du point A (remplacer Sud par Nord).

— La zone polaire 1-1′, au nord, à droite ci-dessus, ne reçoit aucun rayon solaire au solstice, même quand la Terre tourne autour d'elle-même ; c'est, entre les deux équinoxes B et D, la « nuit polaire », qui dure au maximum 6 mois au pôle même ; progressivement, entre le solstice A et l'équinoxe B, un point donné de la zone, en fonction de la latitude, va voir le Soleil se lever pour ne pas se recoucher. On passe progressivement, après l'équinoxe B, à la situa-

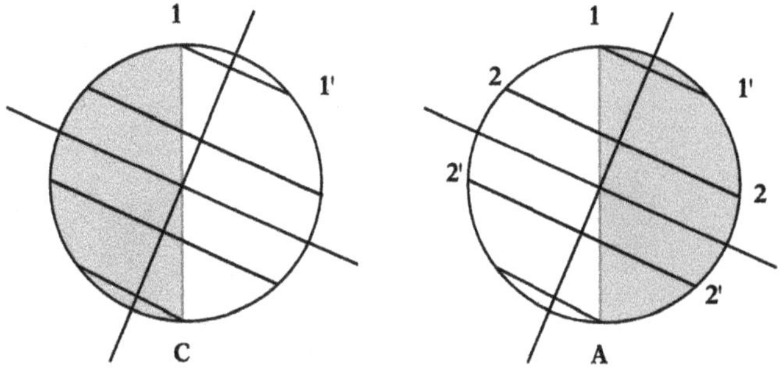

Figure 5

tion de la zone 1-1′, au nord, à gauche ci-dessus, où la zone est en permanence éclairée, c'est le « soleil de minuit », qui dure au maximum 6 mois au pôle même.

— La zone tropicale 2-2′, entre les deux tropiques, est peu affectée par la rotation de la Terre autour d'elle-même quant à la durée de la nuit. À l'équateur même, les durées de jour et de nuit restent égales tout au long de l'année ; la zone tropicale Nord a une nuit un peu plus longue en hiver et un peu plus courte en été, mais globalement les durées du jour et de la nuit sont peu différentes dans l'année.

— La zone tempérée 1-2, au nord, connaît des incidences solaires et des durées de jour/nuit sensiblement variables ; à droite, pendant l'hiver boréal, les nuits y sont beaucoup plus longues que le jour, et à gauche, pendant l'été boréal, c'est l'inverse.

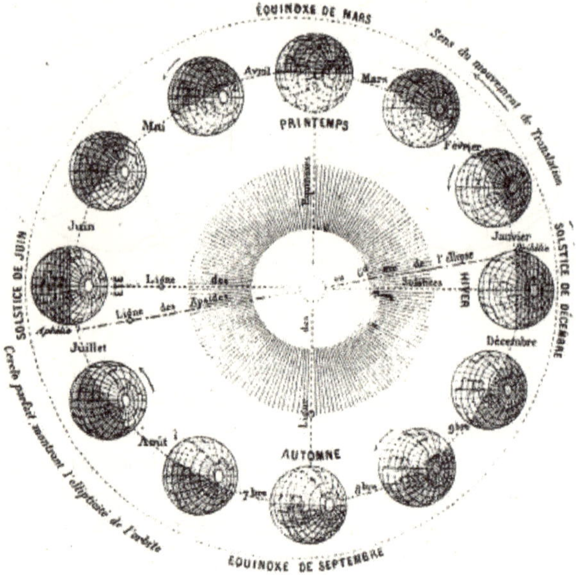

Figure 6 : Cette vue d'artiste, extraite de Camille Flammarion (*Astronomie populaire*), illustre bien plusieurs points ci-dessus : 1) l'axe de rotation de la Terre garde toujours la même direction absolue ; 2) le pôle Nord est dans la nuit de septembre à mars, et éclairé en permanence de mars à septembre ; 3) lors des équinoxes de mars et de septembre, la frontière du demi-globe éclairé passe par les pôles : en tout point de la Terre, jour et nuit ont la même durée à ce moment.

Exemple de calcul de durée du jour

Nous pouvons donner un exemple de calcul de la durée de la nuit à la latitude β, par exemple lors du solstice.

La zone grisée (arrière du plan perpendiculaire à l'axe Terre-Soleil) correspond à la zone qui ne reçoit pas les rayons du Soleil, donc située dans la nuit.

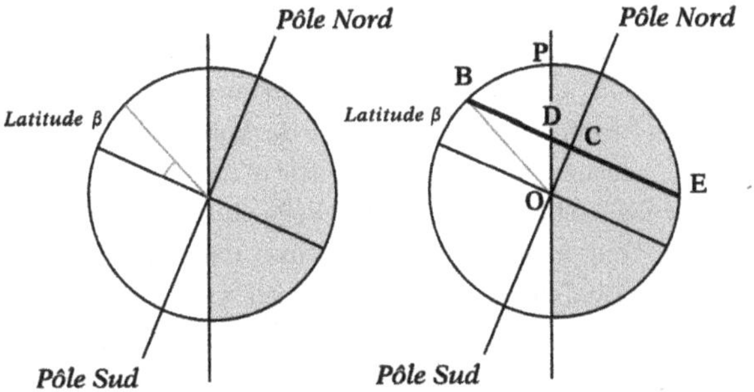

À la latitude β, la Terre tournant sur elle-même autour de l'axe des pôles, sur une demi-rotation, la partie BD, située dans le blanc donc à la lumière solaire, représente le jour (plus précisément, BD est la projection sur le parallèle de l'arc représentant le jour), et la partie DE la nuit.

On a BC = $R\cos\beta$ (R rayon de la Terre), CO = $R\sin\beta$, et $tg(23{,}5°) = CD/CO$.

Donc $BD = BC - CD = R\cos\beta\ (1 - tg\beta\ tg(23{,}5°))$

L'arc du parallèle représenté en projection par BD est donné par un angle θ tel que $\cos\theta/2 = DC/BC$ (pour ceci, faire une projection sur le plan BDC parallèle au plan équatorial) ; d'où $\cos\theta/2 = R\sin\beta\ tg(23{,}5°)/R\cos\beta = tg\beta\ tg(23{,}5°)$.

Les durées du jour et de nuit sont donc proportionnelles à Arcos[tgβ tg(23,5°]. On peut donc écrire à la latitude β pour le jour le plus court dans l'hémisphère Nord (position A) :

$\text{Jour} = 24\ h \times \theta/2\pi = 24\ h \times \text{Arcos}[tg\beta\ tg(23{,}5°)]/\pi$

À Paris, à la latitude de 48°, on obtient une durée de 8,15 heures soit 8 h 9 min.

À noter que les figures ci-dessus ont un point limite en P (cercle polaire arctique), quand B et D se rejoignent à la latitude β = 66,5°. Au-dessus de cette valeur de β, on ne peut pas construire la figure. On retrouve ce résultat dans la formule donnant BD, qui ne peut donner une valeur négative : $1 - tg\beta\ tg(23{,}5°) > 0$, soit $tg\beta < cotg(23{,}5°)$, soit $\beta < 66{,}5°$; à cette valeur limite de β et au-dessus, on a Nuit = 24 heures, et Jour = 0.

Dans les zones tempérées, le Soleil monte plus haut dans le ciel en été[1], mais, contrairement à une croyance répandue, il ne part pas du même point. C'est là aussi une conséquence géométrique des mouvements respectifs de la Terre et du Soleil, ce dernier décrit dans le ciel, chaque jour, un arc parallèle mais différent de celui du jour précédent (figure 7 ci-dessous). Vous verrez toujours le Soleil se lever à l'est, mais en un point situé toujours plus au nord jusqu'au solstice d'été : ainsi certaines façades de maisons se voient-elles éclairées parfois le matin, en été uniquement. Dans l'hémisphère Nord, les architectes orientent les maisons vers le sud pour bénéficier du meilleur ensoleillement ; cela n'a pas grand sens dans les zones tropicales où le Soleil reste peu ou prou au zénith ; dans l'hémisphère Sud, c'est vers le nord que les architectes orientent les maisons.

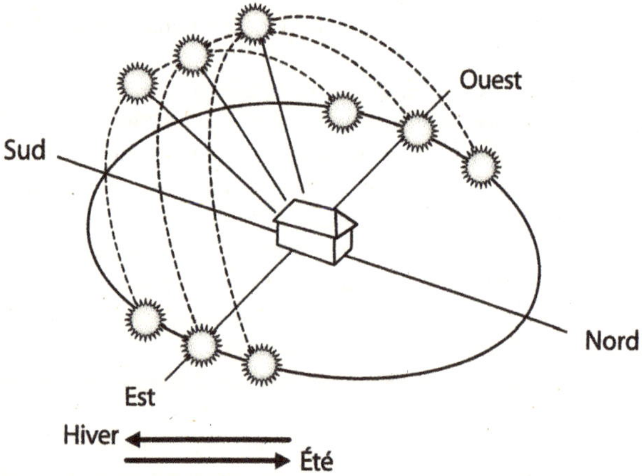

Figure 7 : Au fur et à mesure que l'été s'approche, le Soleil se lève et se couche plus au nord et monte plus haut dans le ciel, le maximum étant atteint lors du solstice d'été (21 juin). Au fur et à mesure que l'hiver s'approche, c'est l'inverse.

1. Pour la pleine lune, c'est l'inverse : elle monte plus haut en hiver (ce qui donne des nuits hivernales de pleine lune plus claires) et moins haut en été.

Astrologie vs *astronomie*

Les signes du zodiaque correspondent à une réalité astronomique (ce qui ne signifie pas que les horoscopes correspondent à une réalité quelconque) : parmi les 88 constellations, ce sont celles qui sont « traversées » par le Soleil, vues de la Terre, tout au long de la rotation de la Terre autour du Soleil – c'est-à-dire tout au long de l'année.

La fixation des signes du zodiaque remonte à quatre cents ans avant notre ère, et elle correspond à la réalité astronomique suivante : une bande de 8° de part et d'autre de la projection du plan de l'écliptique (plan de rotation de la Terre et du Soleil) sur la voûte céleste. Toutefois, l'astronomie est à distinguer de l'astrologie par bien des points, dont les suivants :

— les durées de « traversée d'une constellation » par le Soleil ne sont pas uniformément égales à 30 jours : ainsi, le Soleil passe 6 jours dans le Scorpion, et 44 dans la Vierge ; en astrologie, les durées des « signes zodiacaux » sont fixées arbitrairement à trente jours ;

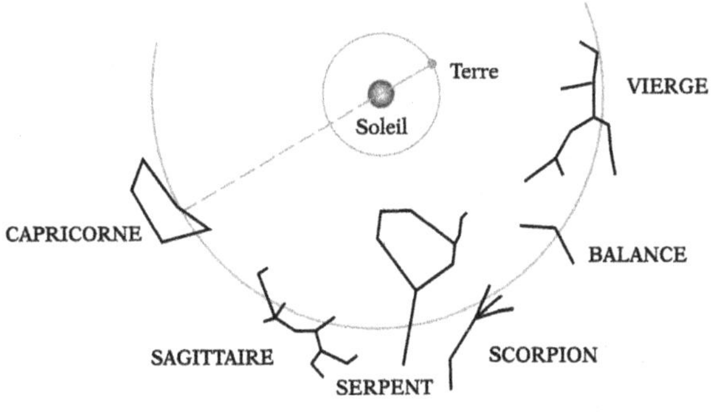

Figure 8 : On dit que le Soleil « traverse » le Capricorne (ou « est dans le Capricorne ») quand cette constellation est pointée par l'axe Terre-Soleil (dans l'ordre constellation – Soleil – Terre, c'est-à-dire la nuit).

— le Soleil traverse de fait 13 constellations et non 12 : le Serpentaire, entre Scorpion et Sagittaire, n'a pas été pris en compte par l'astrologie (peut-être le chiffre 13 n'était-il pas souhaitable ?) ;

— la précession des équinoxes (*cf.* chapitre 1) a pour conséquence une avance de la marche de la Terre sur son orbite - l'axe Terre-Soleil suit ce mouvement de précession ; par rapport au moment où les signes zodiacaux ont été fixés, il y a 2 500 ans, environ un dixième du tour complet de précession (25 800 ans) s'est accompli ; ainsi, tous les signes sont décalés d'un mois ou plus, tous les êtres vivants sur Terre nés « sous le signe du zodiaque N » sont en fait nés sous le signe suivant !

L'ascendant astrologique correspond à la constellation zodiacale qui se lève à l'est à l'heure de la naissance : comme dans la fixation d'un lieu par triangulation, il s'agit de la fixation d'un moment - celui de la naissance - par une deuxième mesure, le signe zodiacal étant la première[1]. Enfin, l'astrologie a donné son nom aux tropiques, celui du Cancer et du Capricorne : ainsi, le Soleil est au zénith sur le tropique Nord quand il « entre » dans la constellation du Cancer, le 21 juin.

1. S'agissant du signe qui se lève à l'est à une heure donnée, l'ascendant zodiacal déroule les 12 signes en une journée, par intervalles de deux heures. Le signe du zodiaque est assimilable à la petite aiguille de la montre (repère du mois de la naissance), et l'ascendant à la grande aiguille (repère de l'heure de la naissance).

CHAPITRE 3

Les phases de la Lune

La Lune, pourtant si proche et si familière, foulée par l'homme en juillet 1969, reste sur bien des questions pourtant simples une source de connaissances approximatives dans le public : pourquoi et quand voit-on la Lune en plein jour ? Pourquoi y a-t-il une face cachée de la Lune ? Pourquoi y a-t-il en règle générale deux et non une seule marée par jour ?

La Lune ment

Cette sentence caractérise les phases de la Lune sous nos latitudes dans l'hémisphère Nord[1] : nouvelle lune (elle n'est pas visible), premier quartier, pleine lune, dernier quartier. Quand elle croît, elle forme un « D » ; quand elle décroît, elle forme un « C ». « La Lune ment » est un bon moyen mnémotechnique pour savoir si, en voyant la Lune, on s'achemine vers une pleine ou une nouvelle lune.

Au moment de la pleine lune, la Lune est en opposition par rapport au Soleil, c'est-à-dire que la Terre est entre eux deux. Il n'y a toutefois pas systématiquement éclipse de Lune car elles ne sont pas

1. Dans l'hémisphère Sud, aux latitudes équivalentes, c'est le contraire : la Lune ne ment pas.

Figure 1 : 1) *À gauche*, entre nouvelle lune et pleine lune, successivement premier croissant, premier quartier, lune gibbeuse[1] ascendante : dans sa phase croissante, la lune forme un D, caractérisé par un demi-cercle parfait sur son côté droit.
2) *À droite*, entre pleine lune et nouvelle lune, successivement lune gibbeuse descendante, dernier quartier, dernier croissant : dans sa phase descendante, la lune forme un C, caractérisé par un demi-cercle parfait sur son côté gauche.

tout à fait dans le même plan : la Lune évolue dans un plan décalé de 5° du plan de l'écliptique terrestre. Si elles étaient en permanence dans le même plan, il y aurait éclipse de lune chaque mois, à chaque nouvelle lune ! Bien évidemment, quand il y a pleine lune, c'est le cas pour tous les points de la Terre (cela est valable pour toutes les phases de la Lune).

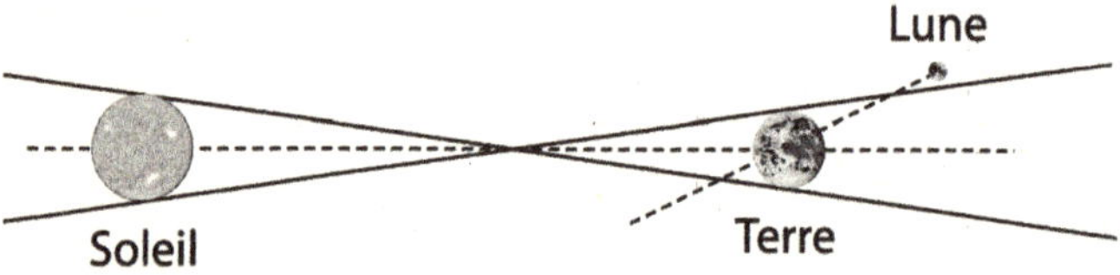

Figure 2 : Configuration de pleine lune. Les dimensions sont déformées pour la représentation : la distance Terre-Lune est largement amplifiée par rapport à la distance Terre-Soleil, et l'angle de 5° entre les deux plans de l'écliptique est amplifié lui aussi. Comme on a des difficultés à se représenter l'immensité de la distance Terre-Soleil, on a tendance à penser que « 5° d'inclinaison, ce n'est pas grand-chose ! », et donc à ne pas comprendre pourquoi il n'y a pas éclipse à chaque pleine lune : or la Terre vue du Soleil s'inscrit dans un angle inférieur à un centième de degré, donc la pleine lune, vue du Soleil, n'est que rarement dans la ligne de mire dirigée vers la Terre.

1. Le substantif « gibbeux » (*bossu*) s'applique à la Lune dans les positions intermédiaires entre demi-lune et pleine lune (soit à peu près une lune visible aux trois quarts).

Quelle Lune voit-on en plein jour ?

En tout point de la Terre, la pleine lune se lève quand le Soleil se couche, elle se couche quand le Soleil se lève. Elle est visible toute la nuit, et elle ne peut pas être visible le jour : quand on voit la Lune dans la journée, elle n'est jamais pleine.

À l'inverse, la nouvelle lune est présente tout le jour dans le ciel terrestre, mais n'est pas visible puisque la face de la Lune qui est éclairée par le Soleil est la face opposée à la Terre.

Au premier quartier (demi-lune), entre nouvelle et pleine lune, la Lune a six heures de retard par rapport à la Terre vis-à-vis du Soleil. De manière schématique[1], si l'on considère que le Soleil se lève à 6 heures et se couche à 18 heures, la Lune dans cette phase se lève à midi pour se coucher à minuit : la lune croissante (celle qui forme un D sous nos latitudes), de la demi-lune à la quasi pleine lune, est visible l'après-midi, la courbure du D orientée vers l'ouest.

Au dernier quartier (demi-lune), entre pleine et nouvelle lune, la Lune a dix-huit heures de retard par rapport à la Terre vis-à-vis du Soleil. Sur un point de la Terre, quand on voit le Soleil se coucher, on voit la Lune se lever six heures après : la Lune se lève en pleine nuit et se couche en plein jour, elle est visible de minuit à midi. La lune décroissante (celle qui forme un C), de la quasi pleine lune à la demi-lune, est donc visible le matin, la courbure du C orientée vers l'est.

---

1. Et approximative : nous ne donnons pas ici les calculs précis d'heures de lever de Lune par rapport au lever du Soleil (qui dépendent de nombreux paramètres, dont la latitude), mais simplement une tendance générale. Ayons néanmoins à l'esprit que, lorsqu'on dit « Le Soleil se lève à 6 heures et se couche à 18 heures », on parle d'heure solaire (c'est-à-dire 1 ou 2 heures de décalage en France compte tenu du fuseau horaire).

	Signe	*Heures*	*Caractéristiques*
Nouvelle lune	–	Jour (6 heures-18 heures)	La nouvelle lune n'est pas visible
Premier quartier	D	Midi-minuit	On voit l'après-midi la Lune croissante, qui forme un D
Pleine lune	O	Nuit (18 heures-6 heures)	C'est dans la nuit qu'on voit la pleine lune
Dernier quartier	C	Minuit-midi	On voit le matin la Lune décroissante, qui forme un C

La face cachée de la Lune

La Lune tourne autour de la Terre en 28 jours environ, comme on l'a vu. Elle tourne sur elle-même en 28 jours aussi. Cette particularité implique qu'on voit toujours la même face de la Lune : il y a donc, de l'autre côté, une « face cachée » non accessible à l'observateur terrestre. On s'en convaincra en représentant la Lune comme un palet, avec une face blanche et une face noire.

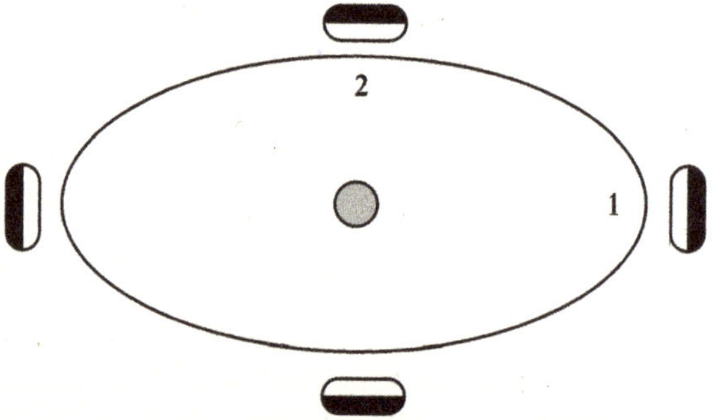

Figure 3 : En position 1, à droite, le palet présente sa face claire vers la Terre. En position 2, en haut, le palet a fait un quart de tour autour de la Terre ; il a aussi fait un quart de tour sur lui-même, et donc il présente toujours la même face claire (et ainsi de suite).

Il arrive que de fausses idées circulent à propos de la face cachée de la Lune :

— « La face visible de la Lune n'est pas la même pour tous les observateurs terrestres » ; c'est erroné, il n'y a pas une partie de la Lune visible dans l'hémisphère Nord, et une autre partie dans l'hémisphère Sud ; il y a là confusion avec la voûte céleste, où en effet les étoiles visibles ne sont pas les mêmes dans les deux hémisphères.

— « La face cachée de la Lune n'est jamais éclairée par le Soleil ; c'est pour cela qu'on ne peut pas la voir » ou « pendant la nouvelle lune c'est sa face cachée, non éclairée par le Soleil, que nous présente la Lune » ; c'est erroné : lors de la nouvelle lune, c'est toujours la même face que nous présente la Lune, et sa face cachée est d'ailleurs pleinement éclairée par le Soleil ; le phénomène de la face cachée est indépendant de la lumière du Soleil.

Cette coïncidence des deux durées de rotation, celles de la Lune sur elle-même et autour de la Terre, n'est pas due au hasard : le premier mouvement de rotation s'est ralenti sous l'effet des forces de marée terrestres jusqu'à être synchrone avec son mouvement autour de la Terre (environ 28 jours). De la même manière, le mouvement de la Terre sur elle-même ralentit sous l'effet des forces de marée luni-solaires (*cf.* chapitre 5) : la durée du jour augmente de 15 microsecondes par an, soit environ 1 seconde tous les 600 siècles. Comme on le verra plus loin, la conservation du moment cinétique global implique un accroissement de la distance Terre-Lune : de fait, la Lune s'éloigne de la Terre à raison de 4 centimètres par an, ce qui fait qu'à terme (dans 10 millions d'années...) il n'y aura plus d'éclipse totale de Soleil, mais uniquement des éclipses annulaires.

CHAPITRE 4

La Lune, les éclipses

On a parfois du mal à différencier conceptuellement une éclipse de Soleil – la plus spectaculaire – d'une éclipse de Lune.

Lors de l'éclipse de Soleil, c'est le Soleil qui est caché à nos yeux, et la Lune qui fait interposition ; lors de l'éclipse de Lune, c'est la Lune qui est cachée à nos yeux, et la Terre elle-même qui fait interposition.

En conséquence, l'éclipse de Soleil a lieu en plein jour, quand on voit le Soleil, et ne peut avoir lieu que lors de la nouvelle lune (interposition de la Lune entre la Terre et le Soleil). L'éclipse de Lune, elle, a nécessairement lieu lors de la pleine lune (interposition de la Terre entre la Lune et le Soleil) ; elle est donc observable pendant la nuit puisque la pleine lune n'est visible que la nuit.

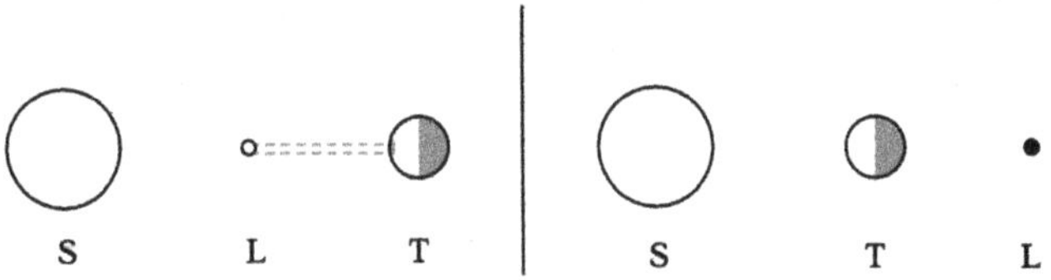

Figure 1 : *À gauche,* l'interposition de la Lune définit une petite zone d'ombre sur la Terre : c'est l'éclipse de Soleil (on parle plus précisément d'occultation du Soleil par la Lune). *À droite,* la Lune s'éclipse derrière la Terre et ne reçoit plus la lumière solaire : c'est l'éclipse de Lune.

Les éclipses de Lune

L'éclipse de Lune n'a pas lieu à chaque pleine lune, une fois par mois : en effet, l'orbite lunaire fait avec le plan de l'écliptique un angle de 5°. Ce n'est qu'à certains moments, lorsque la Lune traverse ce plan en un point de passage situé sur l'axe Soleil-Terre (en position de pleine lune, c'est-à-dire au-delà de la Terre), qu'a lieu une éclipse de Lune.

Comme pour les éclipses de Soleil, il existe des éclipses partielles et totales de Lune[1] : mais, contrairement à l'éclipse de Soleil, le phénomène est observable de la même manière partout sur Terre, il n'existe pas de « zone de passage » de l'éclipse ; tous ceux qui voient la Lune depuis la Terre voient l'éclipse de Lune de la même façon à la même heure. Pour être plus précis, l'éclipse de Lune définit trois zones sur Terre, mais qui ne s'étalent pas dans le temps : la zone d'invisibilité (la Lune n'est pas visible pendant l'éclipse), la zone de visibilité totale (on voit le phénomène pendant toute sa durée), la zone de visibilité non totale (on voit le début ou la fin du phénomène, entre-temps la Lune s'est « couchée »).

La caractéristique de l'éclipse de Lune est une lumière rougeâtre projetée par la Terre sur la Lune au cœur de l'éclipse. C'est un effet de l'atmosphère terrestre (*cf.* les divers phénomènes de diffusion par l'atmosphère, dont le crépuscule, chapitre 6) : la lumière rouge des rayons solaires crépusculaires traversant l'atmosphère terrestre est diffusée de manière omnidirectionnelle, et donc en particulier en direction de la Lune ; la Lune est dans l'ombre de la Terre, ne reçoit directement aucun rayon solaire mais les rayons rouges de la lumière solaire diffusés par l'atmosphère terrestre. Celle-ci se transforme en astre secondaire, et éclaire la Lune de cette luminosité rougeâtre.

---

1. Le 3 mars 2007 a eu lieu une éclipse totale de Lune ; le 16 août 2008 a eu lieu une éclipse partielle de Lune (couvrant jusqu'à un maximum de quatre cinquièmes de la surface lunaire).

Observation de l'éclipse de Lune de mars 2007

Le 3 mars 2007 a eu lieu une éclipse totale de Lune visible pendant la nuit européenne. Détaillons ses étapes telles que nous les avons observées.

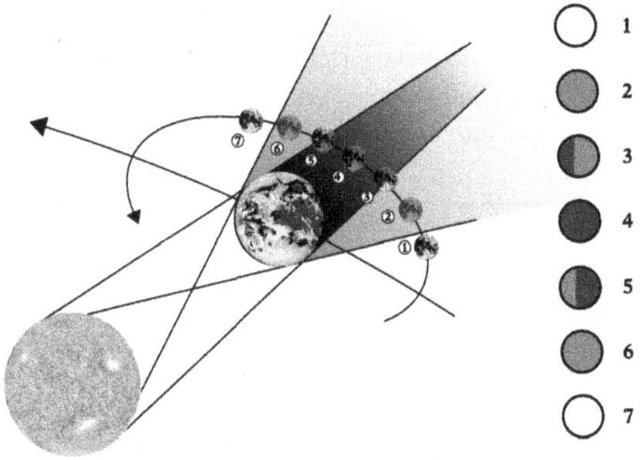

– 21 h 18 à 22 h 30 : la lune est dans la pénombre, entre les tangentes intérieure et extérieure à la Terre et au Soleil, en position 2 sur la figure. On ne décèle pratiquement rien.

– 22 h 30 à 23 h 44 : l'ombre de la Terre se projette progressivement sur la Lune (position 3).

– 23 h 44 à 0 h 58 : l'éclipse est totale, mais on voit très bien la Lune, éclairée par la fameuse lumière rouge caractéristique de l'éclipse, provenant de la diffusion de la lumière solaire par l'atmosphère terrestre (position 4).

– 0 h 58 à 2 h 11 : cet effet devient secondaire devant l'ombre de la Terre qui se projette de nouveau sur la Lune, cette fois-ci de manière dégressive (position 5).

Les éclipses de Soleil

Les éclipses de Lune sont dues à la Terre, mais les éclipses de Soleil sont dues à la Lune. Celle-ci joue un rôle déterminant dans le phénomène des éclipses, elle est le terrain de l'éclipse de Lune et la cause de l'éclipse de Soleil. Cette dernière définit trois zones différentes sur Terre :

— la bande d'éclipse totale, correspondant au déplacement du cône d'ombre lunaire sur la surface de la Terre ; elle a une largeur maximale de 300 kilomètres, et, en un point donné, le phénomène d'éclipse totale ne dure au maximum que 8 minutes[1] ;

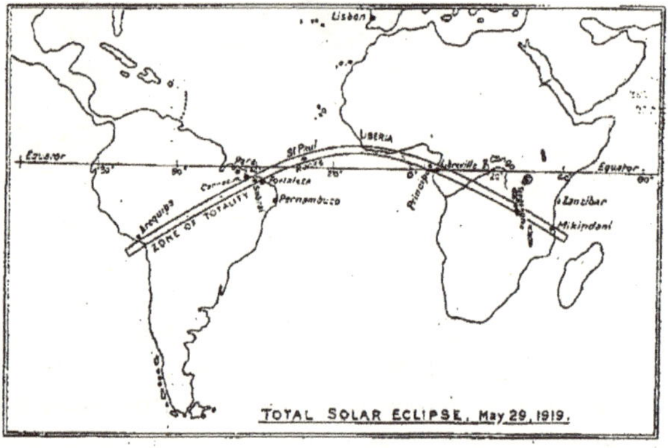

Figure 2 : Parcours de la fameuse éclipse du 29 mai 1919, qui a joué un rôle important en astronomie et en cosmologie, puisqu'elle a permis d'apporter une vérification à la théorie de la relativité générale, publiée fin 1915. Cette vérification frappe aussi les esprits, car c'est une équipe de savants anglais (menée par Arthur Eddington de la Royal Astronomy Society) qui vérifie la théorie d'un savant allemand, Einstein, et ce juste après la fin de la Première Guerre mondiale (document revue *Nature*, 1919, n° 102).

1. Si la Terre était immobile, le passage de la Lune devant le Soleil ne durerait que 4 minutes au maximum (suivant la latitude) ; comme la Terre tourne dans le même sens que la Lune, la durée d'éclipse est en fait plus longue.

— deux zones d'éclipse partielle, quelques milliers de kilomètres de part et d'autre de la bande d'éclipse totale ; ces zones correspondent à un masque partiel du Soleil par la Lune, elles sont situées dans la pénombre de la Lune ;

— l'immense reste de la surface terrestre où le phénomène n'est pas visible, que ce soit sous sa forme totale ou sa forme partielle.

Une singularité importante à la base des éclipses est le diamètre apparent à peu près égal (environ 1 demi-degré angulaire) du Soleil et de la Lune, vus de la Terre. Cette singularité conduit au fait qu'il existe aussi bien des éclipses totales – la Lune centrée sur le Soleil le masque totalement – que des éclipses annulaires : la Lune, toujours centrée sur le Soleil, est un peu plus proche, ce qui fait qu'elle ne le masque pas complètement, il reste un anneau de lumière solaire autour d'elle. Si la distance Terre-Lune était plus petite, il n'y aurait que des éclipses totales et pas d'éclipses annulaires ; si la distance Terre-Lune était plus grande, il n'y aurait que des éclipses annulaires et pas d'éclipses totales[1]. De fait, la distance Terre-Lune augmentant sous l'effet des forces de marée (*cf.* chapitre 5), dans quelques dizaines de millions d'années, il n'y aura que des éclipses annulaires, et plus d'éclipses totales.

1. C'est d'ailleurs un des arguments avancés par certains créationnistes dans le domaine des sciences exactes : le diamètre angulaire apparent à peu près semblable de la Lune et du Soleil (qui permet à la fois éclipses totales et annulaires) serait un élément de la « Création ».

CHAPITRE 5

La Lune, les marées

La force de marée est un phénomène général dans l'Univers : la mécanique céleste n'étant pas une mécanique de points matériels (les corps ont une certaine dimension), la force de marée exercée par un corps C sur un autre C′ exprime le fait que l'attraction exercée par le corps C à la surface de C′ n'est pas exactement la même que celle exercée au centre de C′. Les forces de marée existent entre tous les corps célestes soumis à attraction gravitationnelle réciproque[1]. Les forces de marée exercées par la Terre sur la Lune sont moins connues que les forces de marée exercées par la Lune sur la Terre ; elles sont beaucoup plus puissantes (elles ont rendu la rotation de la Lune synchrone avec sa révolution), mais on n'en observe plus les effets.

Origine des marées terrestres

L'attraction qu'exerce un corps C (par exemple la Lune) sur la Terre a de fait une valeur différente en divers points de la Terre : elle a une certaine valeur γ_C au centre, elle est supérieure au point de la surface terrestre A qui est face à la Lune, et inférieure au point de la surface terrestre B qui en est à l'opposé.

1. Le concept de marée, ici illustré par l'astronomie, existe aussi en astrophysique : comme entre des astres voisins, il existe des forces de marée entre galaxies voisines.

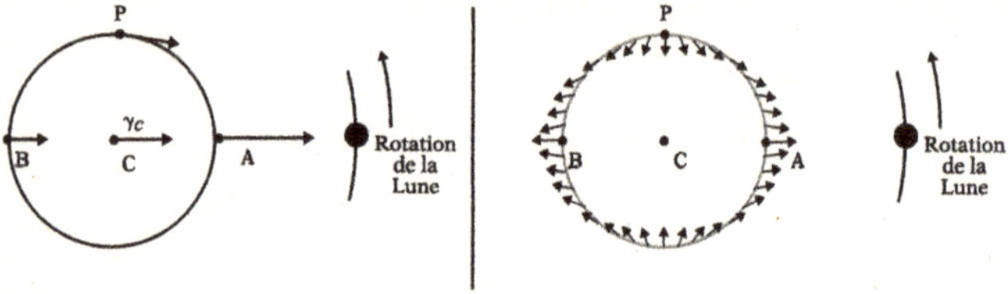

Figure 1. *À gauche*. Au centre de la Terre, l'accélération d'attraction de la Lune prend la valeur γ_C (correspondant à une accélération d'attraction de Gm/d^2, où m est la masse de la Lune et d la distance entre le centre de la Terre et le centre de la Lune). Au point A, situé « sous la Lune », cette attraction prend la valeur $\gamma_A > \gamma_C$; au point B, aux antipodes de la Lune, elle prend la valeur $\gamma_B < \gamma_C$. *À droite*. On a retiré en chaque point de la surface terrestre l'attraction γ_C, et on fait figurer la résultante. En A et en B se forment des « bourrelets d'eau » symétriques. L'effet de marée est non significatif au point P en quadrature par rapport à la Lune ; il est important et quasi égal en A et B.
Ces deux différentiels ont un effet visible sur les masses océaniques, liquides et mobiles ; au niveau des masses océaniques équatoriales, dans l'Atlantique comme dans le Pacifique, la déformation peut aller jusqu'à 50 centimètres en pleine mer, ce qui se traduit par une valeur plus grande à l'approche des côtes.

La marée haute se forme donc à la fois en A et en B : comme la Terre tourne autour d'elle-même en 24 heures, un point donné de la côte se trouve « sous la Lune » (position A) et « aux antipodes de la Lune » (position B) une fois par jour, ce qui donne deux marées hautes par jour. Par ailleurs, la Lune tourne autour de la Terre en 28 jours : en un point terrestre donné, le phénomène générateur se décale chaque jour terrestre de 1/28 de jour (le point équatorial A qui tourne avec la Terre doit « rattraper » la Lune[1] : il se retrouve dans la même position, « sous la Lune », non en un jour mais en 1 j + 1/28 j). Les marées qui en résultent se décalent elles-mêmes de 1/28 de jour, soit 52 min par jour. Entre deux marées hautes, on

1. Si la Lune était immobile, un même point terrestre se retrouverait en position A « sous la Lune » en 24 heures, puisque la Terre tourne en 24 heures ; mais, la Lune n'étant pas immobile, pendant cette période elle aura avancé de 52 minutes dans la même direction (la Lune tourne autour de la Terre dans le même sens que la Terre tourne autour d'elle-même). On retrouve là un même phénomène de décalage comparable à celui qu'on a vu dans la définition du jour sidéral, au chapitre 1, figure 5.

aura en moyenne un décalage de 12 h 26 min ; entre deux marées hautes à heures comparables, la marée du lendemain arrivera 52 minutes plus tard que la marée du jour.

Calcul des forces de marée

On peut calculer la force de marée comme la différence entre γ_A et γ_C. L'accélération de marée s'appliquant en A s'obtient comme suit, en inverse du cube de la distance séparant deux astres :

$$\gamma_m = \frac{GM_L}{(D_L - R)^2} - \frac{GM_L}{D_L^2} = \frac{GM_L}{D_L^2} \times \left(\frac{1}{\left(1 - \frac{R}{D_L}\right)^2} - 1 \right) \approx 2\frac{GM_L R}{D_L^3}$$

où M_L est la masse de la Lune, et D_L la distance Terre-Lune, R le rayon de la Terre (on a fait l'approximation R petit devant D_L). On calcule (avec G = constante de la gravitation = $6{,}61 \times 10^{-11}$ unités SI) $\gamma_m(\text{Lune}) = 1{,}1 \times 10^{-6}$ m/s².

Pour une goutte d'eau océanique, l'accélération de pesanteur terrestre vaut, en comparaison, $\gamma_{attraction}$ (Terre) $= \frac{GM_T}{R^2} = 9{,}81$ m/s².

Elle est donc 10 millions de fois plus grande que l'accélération de marée.

Pour cette même goutte d'eau, l'accélération de marée due au Soleil est γ_m (Soleil) $= 2\,\frac{GM_S R}{D_S^3} = 0{,}5 \times 10^{-6}$ m/s², c'est-à-dire que la force de marée due au Soleil est 2 fois plus petite que celle due à la Lune. Ainsi, les marées sont dues à l'attraction de la Lune (au deux tiers) et à l'attraction du Soleil (pour le tiers restant) : la force de marée solaire n'est donc pas négligeable devant la force de marée lunaire, c'est pourquoi on parle parfois de marées luni-solaires.

Les grandes marées

Les marées étant dues à la fois à la Lune et au Soleil, elles sont plus fortes quand ces deux effets se conjuguent, et moins quand ils se contrarient. Ils se conjuguent quand les deux astres sont alignés avec la Terre (conjonction), lors de la pleine lune ou de la nouvelle lune. Ils se contrarient quand les deux astres sont en opposition par rapport à la Terre (quadrature), donc en premier et dernier quartier.

Les marées sont d'abord et avant tout des phénomènes océaniques : ce sont les importantes masses d'eau équatoriales des océans

Figure 2 : Cette carte montre en des lieux différents « l'établissement du port », c'est-à-dire le retard entre le passage de la Lune au méridien local et la marée haute. Ce retard est de 3 h 45 min pour la marée océanique à Brest, puis la marée se propage dans la Manche, avec un établissement à 8 heures à Cherbourg, à 9 h 50 min au Havre, à 11 h 50 min à Calais (carte issue de C. Flammarion, *Astronomie populaire*).

Atlantique et Pacifique qui sont à la source du phénomène. Si, au large, le déplacement de l'eau est peu significatif (quelques dizaines de centimètres), la marée devient importante sur les côtes à cause de la faible profondeur. Par ailleurs, les mers fermées ont une marée propre très faible, pour cause de masses d'eau insuffisantes. La marée pénètre la Manche avec un certain retard (figure ci-dessus), elle pénètre peu en Méditerranée à cause du détroit de Gibraltar.

Lors des équinoxes, le Soleil a une influence plus forte : étant au zénith à l'équateur, il exerce sur les masses d'eau équatoriales sa force de marée maximale. En un point donné, les forces de marée se calculent suivant leur projection sur l'axe reliant ce point et le centre de la Terre (*cf.* figure 1) ; quand le Soleil est au zénith, cette composante est maximale. C'est pourquoi on parle de « grandes marées d'équinoxe » pour la conjonction des phénomènes « pleine lune » (ou « nouvelle lune ») et « équinoxe », le second phénomène (marées d'équinoxe) n'étant dû qu'au Soleil.

Le mascaret

Comme elle pénètre dans les mers, la marée océanique peut aussi pénétrer par propagation dans les estuaires des fleuves ; ce phénomène, notable pendant les grandes marées d'équinoxe, s'appelle le « mascaret ». Le choc entre la marée montant dans le fleuve et le fleuve descendant vers la mer provoque une vague, portée par la marée à l'intérieur du fleuve sur plusieurs kilomètres. Le mascaret de Seine (voir ci-dessous l'anecdote de Camille Flammarion) n'existe plus suite aux aménagements du fleuve ; le mascaret de Dordogne, à l'embouchure de la Gironde, est un spectacle très prisé à l'équinoxe d'automne, et très couru par les surfeurs de cette région (c'est une des plus longues vagues qui puissent exister !)

Une anecdote de Camille Flammarion
à propos du mascaret de Seine

« Un jour, après avoir assisté, à Caudebec, à ce spectacle toujours curieux de la barre de la Seine, je remontais à pied, à travers un bois charmant, la route qui mène à Yvetot, lorsque je fus rejoint par un paysan. Comme je lui demandais ce qu'il pensait, et ce qu'on pensait dans sa vieille famille, d'un phénomène qu'ils observaient depuis tant d'années : "Je ne sais pas comment les savants l'expliquent ; mais pour nous, il nous semble qu'il n'y a rien d'autre que l'antipathie bien connue de l'eau salée contre l'eau douce. Elles n'ont pas du tout le même caractère, voyez-vous, et il y a là-dessous une prédisposition naturelle que nous ignorons. Mais, ce qu'il y a de certain, c'est que l'eau douce, en descendant dans la mer, taquine l'eau salée, avec laquelle elle ne parvient que difficilement à se mélanger. La différence de couleur est facile à suivre jusqu'à Trouville. Eh bien ! l'eau salée finit par se fâcher. Elle accumule sa colère et, tous les soirs, surtout aux équinoxes, où elle est déjà naturellement furieuse, elle se décide à chasser l'eau douce et à la renvoyer chez elle, avec une belle vitesse. Je vous assure, monsieur, que cette raison est beaucoup plus simple que l'attraction de la Lune." »

(C. Flammarion, *Astronomie populaire*, fin du chapitre VII)

Effets astronomiques des marées : le ralentissement de la Terre

En dehors de ces phénomènes visibles que sont les marées côtières et les mascarets, les forces de marée ont un autre effet sur le système Terre-Lune : elles ralentissent la rotation de la Terre sur elle-même.

Le « bourrelet de marée » A-B a tendance à revenir dans l'alignement, frotte sur les fonds marins et, tel un patin de frein, ralentit la rotation de la Terre en dégageant de l'énergie. Le retard ainsi pris

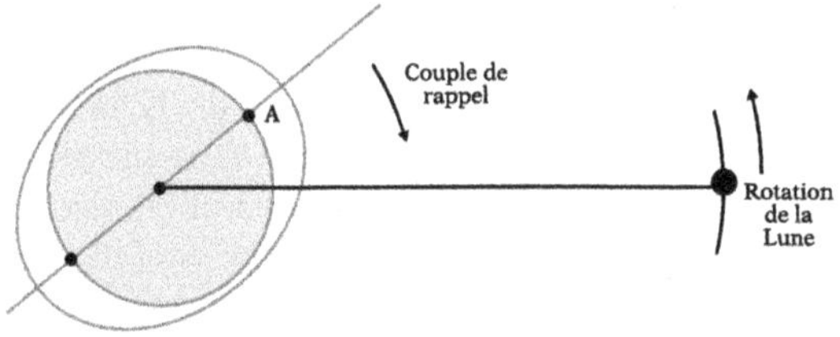

Figure 3 : Comme la Terre tourne sur elle-même plus vite que la Lune autour de la Terre, le « bourrelet de marée » est emporté un peu plus loin qu'à l'endroit où il se trouverait si les deux planètes étaient fixes, ou si elles tournaient à la même vitesse (l'angle de décalage est ici fortement exagéré, il est au maximum de 3°). Comme dans le mouvement de précession des équinoxes, le système Terre-Lune a tendance à ramener ce bourrelet dans l'alignement en exerçant un couple de rappel, et donc à ralentir la rotation de la Terre.

par la Terre est d'environ 1 seconde tous les 600 siècles. La conservation du moment cinétique ($M = mR\omega$) global du système Terre-Lune implique que, puisque le moment cinétique de la Terre diminue (ω diminue), celui de la Lune doit augmenter : la distance de la Lune au centre de gravité du système Terre-Lune augmente, ou, en d'autres termes, la distance Terre-Lune augmente, d'une distance d'environ 4 centimètres par an[1].

Inversement, c'est la force de marée exercée par la Terre sur la Lune qui a, au cours des âges, extrêmement ralenti la vitesse de rotation de la Lune sur elle-même, jusqu'à la rendre synchrone avec son mouvement de révolution[2] : suite à ce ralentissement, la Lune tourne autour d'elle-même beaucoup plus lentement que la Terre (28 jours contre 1 jour), et elle présente toujours la même face à la

1. On a vu précédemment que cela avait une autre conséquence : le diamètre apparent de la Lune depuis la Terre étant à peu près égal à celui du Soleil, existe actuellement la possibilité des éclipses totales de Soleil. La Lune s'éloignant de la Terre, à terme il ne pourra plus exister d'éclipses totales : les seules éclipses centrées seront des éclipses annulaires.

2. Le décalage des bourrelets, tel que présenté en figure 3 sur la Terre, n'existe plus pour les bourrelets de la Lune, il n'y a donc plus de ralentissement. Le système est devenu stable en ce qui concerne la Lune.

Terre. Il y a quatre milliards d'années, la Lune tournait sur elle-même nettement plus vite.

De la même manière, comme nous l'avons dit, la force de marée lunaire continue de ralentir la rotation de la Terre sur elle-même et d'accroître la distance Terre-Lune. Ainsi, on peut calculer que, dans des centaines de milliards d'années, la Terre sera elle aussi synchrone[1] dans son mouvement relatif avec la Lune (le mois) et dans son mouvement autour d'elle-même (le jour) : à ce moment-là, le jour et le mois seront égaux, à 47 de nos jours actuels, la Terre tournera toujours la même face à la Lune et... la Lune ne sera visible que depuis une moitié de la Terre !

Ces effets de marée existent aussi dans le système solaire : ainsi, les forces de marée solaires sur la planète la plus proche, Mercure, ont ralenti la rotation de cette dernière en la rendant égale à deux tiers de son temps de révolution (59 jours contre 88 jours) ; de même, les satellites de Jupiter ont été ralentis par les effets de marée joviens, ils présentent toujours la même face à Jupiter.

1. Là aussi, ce synchronisme fait disparaître la cause de ralentissement, qui est le décalage des bourrelets tel que présenté en figure 3.

CHAPITRE 6

Effets optiques de l'atmosphère

L'atmosphère joue non seulement un rôle primordial pour la vie sur Terre, mais provoque, avec la lumière solaire, des effets optiques que chacun peut observer. Par opposition, la Lune[1], qui n'a pas d'atmosphère, n'a pas de « ciel bleu » et voit la voûte céleste noire en permanence ; elle voit aussi la Terre comme les satellites la voient, dans le halo bleu du ciel. L'atmosphère terrestre, avec les gaz ou liquides qui la composent (azote et oxygène, mais aussi dioxyde de carbone, molécules d'eau, etc.), met en jeu deux phénomènes optiques importants, la diffusion et la réfraction.

La couleur bleue du ciel, le soleil couchant (diffusion)

La couleur bleue du ciel est due à la diffusion de la lumière solaire par les molécules de l'atmosphère, cette diffusion étant beaucoup plus importante pour le bleu. Un rayon solaire rencontrant une molécule liquide ou gazeuse de l'atmosphère subit une atténuation due à la diffusion omnidirectionnelle de la lumière par la molé-

1. Ou plutôt ses habitants, les « Sélénites », comme disait Camille Flammarion dans les années 1880, comme on parlera des « Martiens » cent ans plus tard.

cule (figure 1, à gauche). La diffusion omnidirectionnelle est proportionnelle à $1/\lambda^4$, où λ est la longueur d'onde du rayonnement : les courtes longueurs d'onde sont plus diffusées et moins transmises que les grandes longueurs d'onde. Ainsi, à l'extrémité haute du spectre de la lumière solaire visible, le rouge a une longueur d'onde (800 nm) 2 fois supérieure au bleu (400 nm) : le bleu est donc diffusé 16 fois plus dans l'atmosphère, ce qui explique la couleur bleue du ciel.

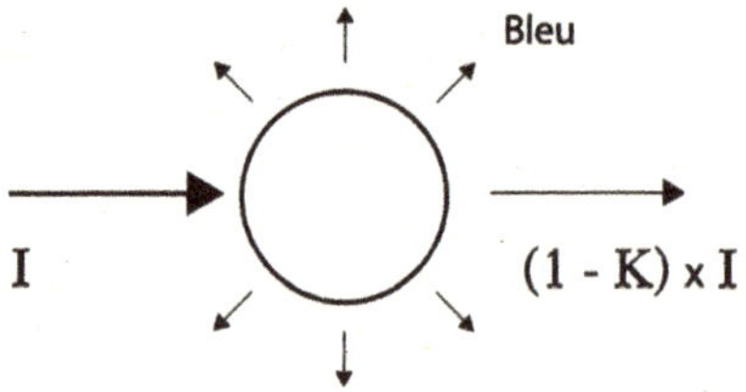

Figure 1 : Schématisation de l'atténuation de l'intensité lumineuse par diffusion omnidirectionnelle. Pour un rayon lumineux d'intensité I, la proportion KI en est diffusée, la proportion (1 – K)I en est transmise.

De la même manière, la lumière solaire, jaune dans la journée, traverse au crépuscule une couche atmosphérique de 10 à 15 fois supérieure à celle que traverse la lumière zénithale (voir figure 2, et indication de calcul) : seules les grandes longueurs d'onde, mieux transmises et moins diffusées, franchissent cette couche, d'où la couleur rouge de l'astre levant ou couchant, notamment le Soleil.

Ainsi, dans le cas de la couleur du ciel, la lumière solaire perd la partie basse de son spectre, sa composante bleue qui est diffusée dans l'atmosphère. Dans le cas du soleil couchant, le phénomène s'accentue : la lumière solaire ne conserve que la partie la plus haute de son spectre, moins diffusée, le rouge. Notons que la diffusion du bleu est omnidirectionnelle, vers la surface terrestre comme vers l'espace : non seulement le ciel vu de la Terre est bleu, mais la Terre vue de l'espace proche apparaît dans un halo bleu, comme nous le montrent les images satellitaires.

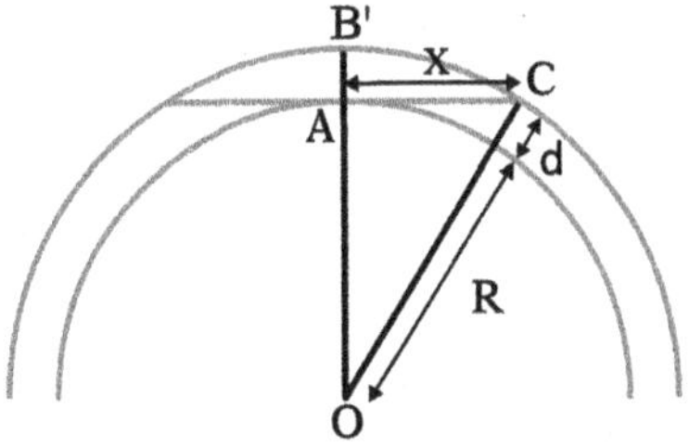

Figure 2 : En appelant *d* la distance parcourue dans l'atmosphère par un rayon solaire zénithal (d petit devant R rayon terrestre), on calcule *x* la distance parcourue au même point terrestre par un rayon solaire crépusculaire en appliquant le théorème de Pythagore au triangle OAC : $R^2 + x^2 = (R + d)^2$; soit, en négligeant les termes du second ordre en d, $x = \sqrt{2dR}$. Ainsi, pour l = 100 km, valeur par excès de l'épaisseur d'atmosphère diffusante, on trouve x = 1 153 km : le rayon crépusculaire traverse une distance 11 fois plus importante dans l'atmosphère que le rayon zénithal.

Le crépuscule (diffusion)

Un astre sans atmosphère, comme la Lune, ne connaît ni crépuscule ni aube : la nuit y tombe dès que le Soleil « se couche », c'est-à-dire quand il disparaît derrière l'horizon. Sur Terre, l'atmosphère continue à diffuser la lumière solaire quelque temps après que le Soleil est couché ; cette diffusion obéit aux mêmes principes physiques que ceux décrits ci-dessus pour la couleur bleue du ciel.

Cette luminosité rémanente après le coucher du Soleil, due à l'effet de diffusion par l'atmosphère, conduit à la définition de trois « niveaux » arbitraires de crépuscule :

— le « crépuscule civil » (le Soleil est entre 0 et 6° sous l'horizon) : c'est la « pénombre » (*étym.* « presque ombre »), ou quasi-obscurité ;

— le « crépuscule nautique » (le Soleil est entre 6 et 12° sous l'horizon) : en milieu urbain, où l'horizon n'est pas dégagé, c'est l'obscurité. Sur mer, la navigation au sextant reste possible, car on peut encore distinguer la ligne d'horizon ;

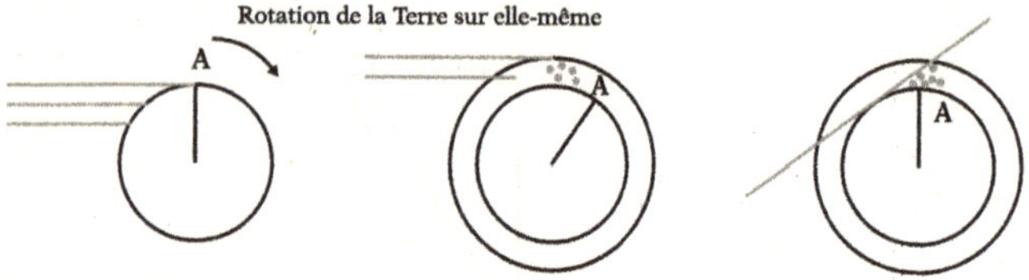

Figure 3 : 3a, *à gauche*, le Soleil se couche en A.
3b, *au centre*, quelque temps après, le Soleil est couché, le point A ne capte plus les rayons solaires, mais une lumière diffusée par des parties de l'atmosphère situées au-dessus de points de la Terre plus à l'ouest, où le Soleil n'est pas encore couché.
3c, *à gauche*, figure identique à 3b redressée d'un angle vers la gauche. En 3b et 3c, on a fait figurer par des pointillés la lueur crépusculaire. Le point A n'est plus directement éclairé par les rayons du Soleil, mais par la diffusion de la lumière par l'atmosphère à son voisinage.

— le « crépuscule astronomique » (le Soleil est entre 12 et 18° sous l'horizon) : on ne voit pas encore la totalité des étoiles, mais c'est déjà la nuit.

Vous avez sans doute déjà remarqué que le crépuscule dure moins longtemps dans les pays tropicaux et à l'équateur : la nuit semble y tomber brutalement. C'est directement lié à l'angle d'incidence du Soleil suivant les latitudes : sous les tropiques (de 23,5° nord à 23,5° sud), l'incidence varie dans l'année de 53° à 90°, avec ces angles élevés le Soleil tombe rapidement sous l'horizon et traverse vite les 12° crépusculaires sous l'horizon ; à nos latitudes moyennes (comme Paris à la latitude de 48°), l'incidence varie dans l'année de 19 à 65°. À titre d'exemple, au solstice d'été, la durée du crépuscule civil est de 25 minutes sous les tropiques et de 45 minutes sous nos latitudes. Par ailleurs, la nuit n'est pas totalement noire sous nos latitudes autour du solstice d'été : ainsi, pendant cette période, le Soleil ne descend pas jusqu'à 18° sous l'horizon à Paris.

Les mirages (réfraction)

Les mirages sont un autre phénomène d'interaction entre l'atmosphère terrestre et la lumière solaire, dû à la réfraction de la lumière : un rayon lumineux se propageant dans un milieu d'indice n_1 subit, en entrant avec un angle i dans un milieu d'indice n_2, une réfraction donnée par la loi de Descartes $n_1 \sin i_1 = n_2 \sin i_2$ (voir figure 4). C'est l'image du crayon plongé dans l'eau qui apparaît brisé à la surface de l'eau, par effet de réfraction de la lumière qu'il transmet.

Prenons un objet situé au loin dans une atmosphère à fort gradient de température : plus on se rapproche du sol, plus les couches d'air sont chaudes. Le rayon lumineux nous provenant de cet objet est progressivement défléchi vers le bas par réfractions successives d'une couche d'air à une couche d'air plus basse, plus chaude, donc d'indice de réfraction plus faible. L'angle d'incidence (fait par le rayon avec la perpendiculaire aux couches d'air, donc au sol) augmente jusqu'à sa valeur limite de réflexion totale : c'est ce rayon réfléchi que l'observateur perçoit, formant dans le sol une image inversée de l'objet.

Ce phénomène peut apparaître dans des déserts (mirage d'un plan d'eau), mais s'observe très fréquemment dans nos contrées, sur des routes chaudes par exemple. Le ciel se réfléchit sur la route gou-

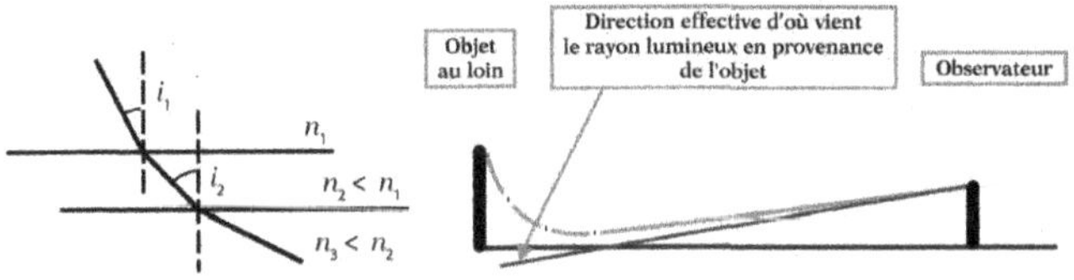

Figure 4 : Le rayon lumineux se propagerait en ligne droite si le milieu était homogène (absence de mirage, cas normal). Dans le cas où l'air connaît un fort gradient de température, le rayon est réfracté vers le bas par l'air, jusqu'à la réflexion totale : à chaque interface, $n_2 < n_1$, $i_2 > i_1$, l'angle i augmente continûment jusqu'à l'angle limite de réflexion totale.

dronnée, y formant des « flaques de ciel » ressemblant à des flaques d'eau. Les objets (voiture lointaine sur la route, palmier dans le désert) apparaissent sous ces flaques, leur image étant inversée.

Monge pendant la campagne d'Égypte

C'est Gaspard Monge, un des savants accompagnant Bonaparte pendant la campagne d'Égypte (1796-1799), qui le premier fait la théorie physique du mirage. Son article paraît en l'an VII (1799) dans *La Décade égyptienne*, après que Monge l'a lu en séance du 11 fructidor an VI (28 août 1798) de l'Institut des sciences et des arts d'Égypte.

LA DÉCADE
EGYPTIENNE,
JOURNAL LITTÉRAIRE
ET
D'ÉCONOMIE POLITIQUE.

Mémoire sur le phénomène d'Optique, connu sous le nom de Mirage, *par le C.en* Gaspard Monge.

Monge, participant à une marche avec l'armée de Bonaparte, joint la théorie à la pratique ; voici ses observations sur le phénomène du mirage[1] :

1. On peut lire le texte complet de Monge sur le site http://bibnum.education.fr, site de textes fondateurs de la science commentés par des scientifiques d'aujourd'hui. Signalons que l'article suivant celui de Monge dans le numéro de *La Décade égyptienne* s'intitule « Observations sur l'aile de l'Autruche », par le citoyen Geoffroy (il s'agit de Geoffroy Saint-Hilaire [1772-1844], naturaliste français participant lui aussi à l'expédition d'Égypte).

« Pendant la marche que l'armée française a faite dans le désert, depuis Alexandrie jusques au Kaire, on a eu tous les jours occasion d'observer un phénomène extraordinaire pour la plupart des habitants de la France. Ce phénomène exige pour sa production que l'on soit dans une grande plaine à peu près de niveau ; que cette plaine se prolonge jusques aux limites de l'horizon, et que le terrain, par son exposition au soleil, puisse acquérir une température très élevée. Il serait possible que ces trois circonstances se trouvassent quelquefois dans les landes de Bordeaux ; car la plaine des landes, comme celle de la basse Égypte, est à peu près horizontale.
Le soir et le matin, l'aspect du terrain est tel qu'il doit être (...) mais dès que la surface du sol est suffisamment échauffée par la présence du soleil, et jusqu'à ce que, vers le soir, elle commence à se refroidir, le terrain ne paraît plus avoir la même extension, et il paraît terminé à une lieue environ par une inondation générale. Les villages qui sont placés au-delà de cette distance paraissent comme des îles situées au milieu d'un grand lac (...). Sous chacun des villages on voit son image renversée, telle qu'on la verrait effectivement, s'il y avait en avant une surface d'eau (...). À mesure qu'on approche d'un village qui paraît placé dans l'inondation, le bord de l'eau apparente s'éloigne ; le bras de mer qui semblait vous séparer du village se rétrécit : il disparaît enfin entièrement, et le phénomène qui cesse pour ce village se reproduit sur-le-champ pour un nouveau village que vous découvrez à une distance convenable. »

Mirage crépusculaire, rayon vert (réfraction)

Nous avons déjà vu la couleur rouge du soleil au crépuscule, due à la diffusion. Un autre phénomène physique joue un rôle lors du crépuscule, c'est la réfraction : au fur et à mesure que le Soleil s'approche de l'horizon, ses rayons traversent l'atmosphère à une altitude de plus en plus basse, donc à indice de réfraction plus élevé (plus on est haut dans l'atmosphère, moins elle est dense, et plus l'indice de réfraction est faible[1]). Cela se traduit par deux phénomènes superposés (*cf.* figure 5) :

— le relèvement apparent de la position du Soleil : le rayon lumineux étant courbé par la réfraction et non plus rectiligne, on continue à voir le Soleil alors qu'il a déjà disparu sous l'horizon ; ainsi, le Soleil, qui représente environ 1 demi-degré angulaire, est « relevé » par la réfraction au crépuscule d'une valeur qui se trouve aussi être à peu près de 1 demi-degré angulaire : sachant que le Soleil parcourt cette distance angulaire en 2 minutes, ce sont ainsi 2 minutes de soleil couchant « virtuel » dont nous bénéficions, par exemple quand nous voyons le Soleil se coucher sur la mer ;

— l'aplatissement du Soleil : la réfraction subie par un rayon lumineux provenant du bord inférieur du Soleil est supérieure à celle subie par un rayon lumineux provenant du bord supérieur ; ainsi, le bord inférieur est plus relevé que ne l'est le bord supérieur, d'où l'aplatissement optique (plus le Soleil est bas dans l'atmosphère, plus l'indice de réfraction est grand - phénomène du relèvement - mais plus aussi le gradient d'indice est grand - phénomène de l'aplatissement).

Enfin, quatrième effet crépusculaire après le soleil rouge orangé, le Soleil relevé, le Soleil aplati, le « rayon vert » est dû à la réfraction différente suivant les longueurs d'onde. Les faibles longueurs d'onde étant les plus réfractées sont les dernières à rester visibles : comme le bleu, de plus faible longueur d'onde, est déjà diffusé dans l'atmosphère et n'est quasi plus présent dans le spectre, c'est le vert qui, par réfraction, apparaît en dernier, juste après que le rouge du soleil

1. Le mirage le plus fréquent décrit dans le paragraphe précédent est le mirage dit « inférieur », correspondant à un gradient d'indice négatif (indices plus faibles) quand on s'approche du sol. Le phénomène de relèvement du Soleil décrit ici appartient à la catégorie des mirages dits « supérieurs », à gradient d'indice positif ; même s'ils sont plus rares que les mirages inférieurs (ou mirages « du désert »), d'autres mirages supérieurs existent, ce sont aussi des relèvements – par exemple la possibilité de voir un bateau sur la mer alors qu'il a déjà disparu sous l'horizon.

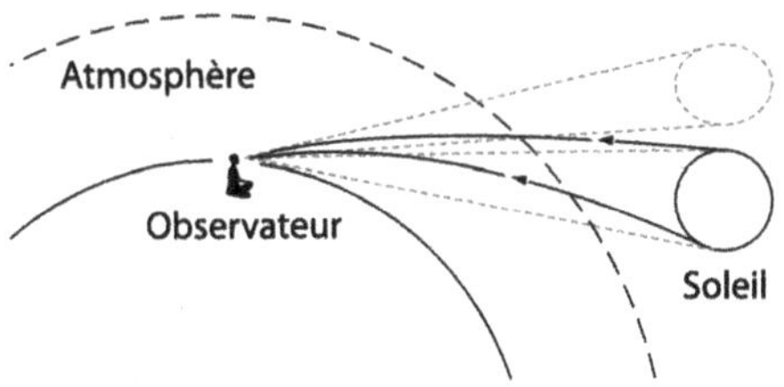

Figure 5 : Les deux effets sont visibles sur ce schéma : le Soleil apparaît dans le ciel plus haut qu'il n'est réellement, et il apparaît aplati dans le sens de la hauteur. Le premier effet est du premier ordre par rapport à l'indice de réfraction (augmentation de l'indice des hautes vers les basses couches atmosphériques), le deuxième effet est du second ordre (augmentation du gradient d'indice, donc le bord inférieur est plus relevé que le bord supérieur).

couchant a disparu derrière l'horizon. Ce fameux « rayon vert », contrairement à une croyance répandue, ne correspond pas au passage du rayon de soleil jaune sur la mer bleue : il peut théoriquement être observé même quand le Soleil ne se couche pas sur la mer.

L'arc-en-ciel (réfraction)

La réfraction de la lumière solaire, non par les gaz de l'atmosphère, mais par des gouttelettes d'eau en suspension dans l'air – par exemple quand le Soleil brille pendant ou juste après une averse, ou que celle-ci s'est déplacée –, provoque le phénomène bien connu de l'arc-en-ciel. Les couleurs du spectre lumineux sont réfractées de manière légèrement différente : suivant la loi sin i = n sin r, avec *n* indice de réfraction de l'eau, différent suivant les longueurs d'onde (n = 1,332 pour le rouge, et 1,343 pour le violet, aux deux extrémités du spectre solaire). La figure ci-dessous nous permet de faire la description du phénomène :

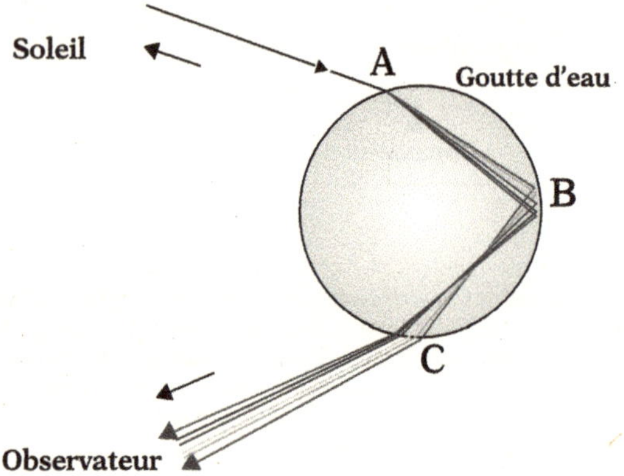

Figure 6 : La goutte d'eau se comporte comme un prisme. À noter qu'en B sortent aussi des rayons réfractés de la goutte (non représentés ici) : c'est le phénomène opposé à A qui se produit, la lumière blanche se reconstitue en un faisceau unique, il n'y a pas de mirage. En revanche, la sortie de goutte en C sera différente de la sortie de goutte en B : après la première réflexion en B qui change les angles, la réfraction en C sera différente suivant les couleurs, le faisceau lumineux unique n'est pas reconstitué.

En regardant le rideau d'eau traversé par le Soleil, et tournant le dos à ce dernier, l'observateur voit l'arc-en-ciel au droit d'une ligne faisant un angle de 42° par rapport à l'inclinaison du Soleil : si le Soleil est à 30°, l'arc sera vu à une hauteur de 12° ; plus le Soleil est rasant, plus haut on voit l'arc ; si le Soleil est à plus de 42°, le mirage ne peut se former : par exemple, sous les tropiques où le Soleil est à une verticale variant entre 43 et 90°, on ne peut observer d'arc-en-ciel.

Calcul de l'angle d'incidence de l'arc-en-ciel

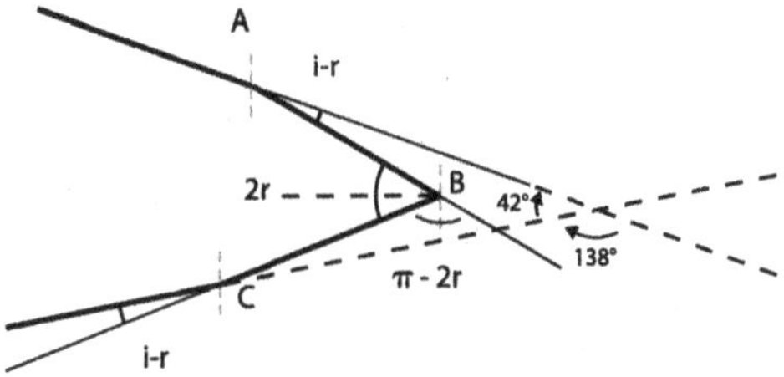

Le rayon est successivement dévié (en comptant les déviations dans le sens des aiguilles d'une montre) de (i – r) en A, de (π – 2r) en B, de (i – r) en C, soit au total une déviation de π + 2i – 4r. Cette déviation connaît un extremum en un point tel que :

d(π + 2i – 4r) = 0 (d est le symbole de la dérivée)

di = 2dr

Or on sait que sin i = 4/3 sin r (indice de réfraction)

Donc cos i × di = 4/3 cos r × dr

La dérivée s'annule pour di = 2dr = 3/2 cos i × di/cos r,

donc pour cos r = 3/2 cos i

On a cos r = 3/2 cos i et sin r = 3/4 sin i

En éliminant r avec l'identité $\cos^2 r + \sin^2 r = 1$,

on obtient $\sin^2 i = 20/27$, soit i = 59° et r = 40°.

À cette valeur, la déviation est égale à 138° (soit π + 2i – 4r), donc l'angle complémentaire, angle rentrant entre le rayon en A et le rayon en C, est de 42°. C'est le fait qu'il existe un extremum qui conduit à l'accumulation de la lumière autour de cette valeur, pour toutes les longueurs d'onde : même pour des valeurs de i assez variables autour de l'incidence i = 59°, la valeur de la déviation est sensiblement la même à 42° (par définition d'un extremum). Il y a, autour de cette valeur d'incidence, focalisation de la lumière et formation du mirage de l'arc-en-ciel.

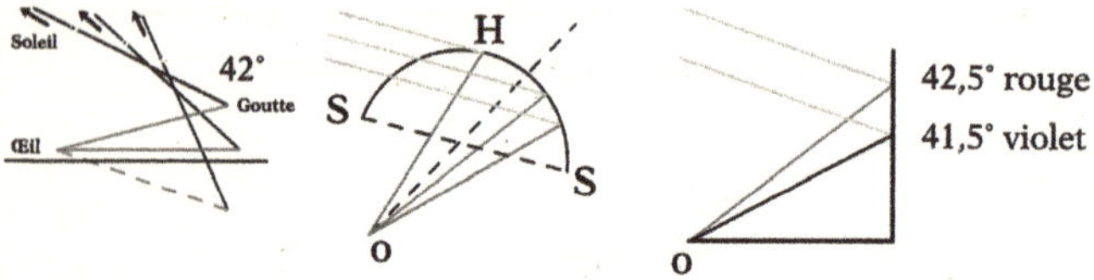

Figure 7. 7a (*à gauche*), hauteur de l'arc suivant l'inclinaison du Soleil : plus le Soleil est rasant, plus la partie supérieure de l'arc est haute dans le ciel ; si le Soleil est au-dessus de 42°, l'arc ne se forme pas.
7b (*au centre*) (vu en perspective, le demi-cercle représente un plan vertical, le plan formé par O et la ligne en pointillé est le sol) : pourquoi la figure formée est-elle un arc ? Le point O (œil de l'observateur) est fixe, l'angle d'incidence des rayons du Soleil est constant, l'angle entre le rayon du Soleil et le rayon réfracté est constant à couleur donnée : ces trois contraintes font varier le point de réflexion, dans un plan donné (le plan du rideau de pluie), le long d'un demi-cercle allant du point le plus haut (H) jusqu'au sol (points S).
7c (*à droite*), l'angle de réfraction du rouge (42,5°) étant plus fort que celui du violet (41,5°), et O étant toujours fixe, ce sont les gouttes situées plus haut que l'œil percevra comme réfractant le rouge : l'arc rouge est plus haut que l'arc violet (dans la figure les différences d'angles sont fortement exagérées). La largeur angulaire de l'arc-en-ciel pour l'œil est d'environ 1°, soit 2 fois la largeur apparente du Soleil.

On peut observer, dans des conditions de visibilité favorables, un second arc-en-ciel se former : il correspond à une deuxième réflexion dans la goutte au point C, et une sortie de goutte en un point D (figure 6, point D non représenté). Ce deuxième arc se forme à un angle de 51°, et par ailleurs l'ordre des couleurs y est inversé (la seconde réflexion inverse l'ordre des couleurs).

CHAPITRE 7

L'atmosphère protectrice

L'atmosphère joue un rôle protecteur pour la vie sur Terre ; elle a deux effets indispensables à la vie humaine, et qui sont parfois mal présentés dans la communication sur le développement durable :

— la couche d'ozone stratosphérique d'une part. Elle constitue une protection contre certains ultraviolets solaires, et c'est sa carence à certains endroits (le « trou dans la couche d'ozone », mis en évidence en 1985) qui constitue un danger ;

— l'effet de serre d'autre part. Il est lui aussi indispensable à la vie sur Terre : c'est son augmentation qui peut avoir des conséquences délétères.

Ces deux phénomènes se situent par ailleurs à des altitudes différentes : la couche d'ozone se situe dans la stratosphère, à environ 40 kilomètres d'altitude ; l'effet de serre concerne la troposphère, à 10 kilomètres d'altitude.

La couche d'ozone

Le spectre de la lumière solaire comprend des photons de haute énergie, qui constituent le rayonnement dit « ultraviolet ». La couche d'ozone n'en est pas réellement une (l'atmosphère reste composée d'azote à 78 % et d'oxygène à 21 %) : elle caractérise une altitude où l'ozone est proportionnellement beaucoup plus abondant, atteignant une concentration de 10^{-5} à environ 40 kilomètres d'altitude.

Les ultraviolets forts (de longueur d'onde inférieure à 200 nm) réagissent à plus de 50 kilomètres d'altitude avec l'azote atmosphérique N_2 et sont donc arrêtés à cette altitude. Les ultraviolets moins forts (200 – 380 nm) ne sont pas arrêtés, et réagissent avec le dioxygène O_2 et l'ozone O_3 dans la stratosphère : les photons de 240 nm réagissent avec O_2, les photons de 320 nm avec O_3.

Le cycle d'équilibre de l'ozone

La réaction originelle est la dissociation des molécules de dioxygène (qui constituent 20 % de l'atmosphère) par les photons de l'ultraviolet :

$\mathbf{O_2}$ + UV 240 nm $\longrightarrow$ 2O
(dissociation du dioxygène, absorption des UV 240)
2O + $\mathbf{2O_2}$ $\longrightarrow$ $\mathbf{2O_3}$
(recombinaison en ozone)

puis 1) $\mathbf{O_3}$ + UV 320 nm $\longrightarrow$ O + O_2
(réaction 1, dissociation de l'ozone, absorption des UV 320)
ou 2) $\mathbf{O_3}$ + O $\longrightarrow$ $\mathbf{2O_2}$
(réaction 2, recombinaison en oxygène)

La combinaison de ces équations chimiques (en prenant les termes indiqués en gras dans les deux premières équations, puis dans les deux suivantes, les autres termes s'annulant) donne la réaction de Chapman d'équilibre de l'ozone :

$$\mathbf{3O_2} \longleftrightarrow \mathbf{2O_3}$$

Ces réactions permettent de mettre en évidence que : 1) les ultraviolets les plus forts, à 240 nm, sont arrêtés par les molécules de dioxygène avec lesquelles ils réagissent. 2) les ultraviolets plus faibles, à 320 nm, sont arrêtés par l'ozone avec lequel ils réagissent ; réciproquement, ces ultraviolets n'ont pas assez d'énergie pour dissocier O_2 et ne peuvent dissocier que O_3, donc seule l'ozone peut les arrêter.

L'ozone est donc le seul composant à pouvoir arrêter les ultraviolets à 320 nm, comparativement moins forts que les autres, mais néanmoins dangereux pour la vie. Si diazote et dioxygène – permettant d'arrêter les ultraviolets forts – sont en abondance dans l'atmosphère, l'ozone est, lui, en proportions réduites.

Or la couche d'ozone est menacée par les chlorofluorocarbures (CFC), des composés chimiques de synthèse largement utilisés dans la vie quotidienne : gaz réfrigérants des réfrigérateurs et climatiseurs, gaz propulseurs des bombes aérosol. Ces composés sont très stables, d'une durée de vie de cent ans : ils montent dans la stratosphère où, dissociés eux aussi par le rayonnement ultraviolet du Soleil, ils produisent du chlore (ou de l'oxyde de chlore ClO) qui ouvre une autre voie de destruction de l'ozone (en complément de la réaction 2 dans l'encadré ci-dessus), telle que $Cl + O_3 \longrightarrow O_2 + ClO$. Cette raréfaction de la couche d'ozone est régulièrement observée, chaque année depuis 1985, principalement au-dessus du pôle Sud[1]. En Argentine, dans la région d'Ushuaia, le niveau de la couche d'ozone est régulièrement indiqué afin que les habitants ne s'exposent pas au Soleil et à ses ultraviolets en cas de diminution trop importante.

L'effet de serre

La Terre, qui reçoit la lumière solaire après filtrage des ultraviolets par la stratosphère, émet en retour un rayonnement de type « corps noir », dit rayonnement infrarouge terrestre[2]. S'il n'y avait pas d'atmosphère, et notamment ses gaz à effet de serre, la tempé-

1. Même s'ils sont émis dans les régions très habitées, les CFC se répartissent en montant dans toute l'atmosphère terrestre, et altèrent plus facilement la couche d'ozone en des endroits à température froide, d'où les « trous de la couche d'ozone » observés au-dessus des pôles.
2. Ce rayonnement thermique de la Terre avait été baptisé par Joseph Fourier (1768-1830) du joli nom de « chaleur obscure », avant que les lois de l'interaction lumière-matière ne soient expliquées au début du XXe siècle.

rature d'équilibre entre le rayonnement solaire reçu et le rayonnement infrarouge émis par la Terre s'établirait pour la surface terrestre à 255 K, soit – 18 °C ! Certains gaz contenus dans l'atmosphère (vapeur d'eau H_2O, dioxyde de carbone CO_2, méthane CH_4, dioxyde d'azote NO_2) absorbent une partie de ce rayonnement terrestre, ce qui maintient sa chaleur dans la basse atmosphère et sur la surface terrestre. Cet effet, qui peut être assimilé à celui d'une serre, augmente en moyenne la température de 33° à la surface terrestre, et permet de la rendre vivable à 15 °C environ. Ce n'est donc pas l'effet de serre, indispensable à la vie, mais son augmentation qui est en cause dans le réchauffement climatique.

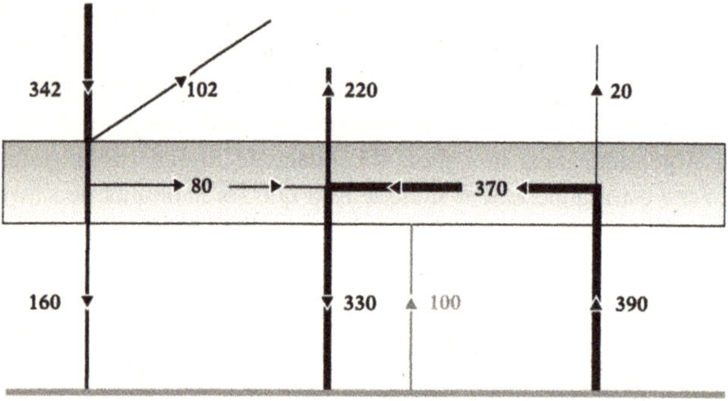

Figure 1 : Diagramme de bilan énergétique entre la chaleur solaire (arrivant en haut à gauche), l'atmosphère (symbolisée par la couche grisée) et la surface terrestre en bas. À chacun de ces niveaux, on vérifie l'équilibre thermique des flux expliqués ci-dessous. En partie haute, flux arrivant = 342 W/m², flux libéré = 102 + 220 + 20 = 342. En bas, sur la surface terrestre, flux arrivant = 160 + 330 = 490, flux libéré = 390 + 100 = 490.

Distinguons les différents flux d'énergie apparaissant sur la figure.

À gauche de la figure :

— le rayonnement solaire arrive dans l'atmosphère terrestre avec une énergie de 342 W/m². Ce flux se décompose en deux, le flux réfléchi (à hauteur de 30 %, soit 102 W/m²), et le flux absorbé (à hauteur de 70 %, soit 240 W/m²). Le taux de réflexion est une caractéristique de la planète, qu'on appelle son « albédo » ; l'albédo terrestre de 30 % est dû pour les 9/10° à l'atmosphère nuageuse et pour 1/10° à la surface[1] ; la Lune, sans nuages, a un albédo de 7 % seulement ; Vénus, avec son atmosphère nuageuse très dense, a un fort albédo – le fait qu'elle réfléchit beaucoup la lumière solaire explique sa forte visibilité dans le ciel ;

— le rayonnement solaire absorbé, soit 240 W/m², l'est à hauteur de 160 W/m² par la surface terrestre et 80 W/m² par l'atmosphère. Cette dernière partie correspond, notamment, à l'absorption des UV-A par l'azote et des UV-B par l'oxygène et l'ozone (*cf.* plus haut).

À droite de la figure :

— le rayonnement infrarouge terrestre est émis avec une énergie de 390 W/m² ; il correspond, d'après la loi de rayonnement du corps noir, à une température de 288K, soit 15 °C ;

— il est en grande partie absorbé par l'atmosphère[2], à hauteur de 370 W/m², une faible partie de 20 W/m² la traversant directement sans être absorbée.

Au milieu de la figure :

— le flux de 100 W/m², qui équilibre le bilan énergétique à la surface terrestre, est, à la différence des autres, non radiatif – c'est-à-dire non lié à un rayonnement de corps noir comme le flux solaire ou le rayonnement terrestre. Il se compose, pour 20 W/m², de la chaleur dite « sensible » et, pour 80 W/m², de la chaleur dite « latente ». La chaleur sensible correspond à l'augmentation de tem-

1. Ainsi, la glace des calottes polaires participe à la réflexion de la lumière solaire par la surface terrestre ; la diminution de la banquise augmente le taux d'absorption de la chaleur par la Terre.

2. À titre d'exemple, l'absorption par l'ozone troposhérique (celui qui est à basse altitude, sans rapport avec l'ozone stratosphérique discuté au paragraphe précédent) due à l'activité humaine contribue – quoique faiblement – à l'absorption de ces 370 W/m². L'absorption causée par ce « mauvais ozone » (par opposition au « bon ozone » stratosphérique) pourrait être une des causes du réchauffement local dans les pays industrialisés.

pérature des couches basses de l'atmosphère par un phénomène de conduction-convection, avec un gradient de 10 °C par kilomètre d'altitude (elle se traduit par la température mesurée au thermomètre). La chaleur latente ne correspond pas, à la différence de la chaleur sensible, au changement de température d'une molécule restant dans le même état, mais à un changement d'état : c'est l'énergie nécessaire au passage d'un corps de l'état liquide à l'état gazeux, représenté par l'évaporation de l'eau des océans ;

— le flux de 330 W/m^2 correspond à l'effet de serre : absorption du rayonnement terrestre dans la basse atmosphère par les molécules de CO_2, de méthane, d'ozone, de CFC, réémission dans les mêmes longueurs d'onde, et rediffusion vers la surface terrestre ;

— si cet effet de réabsorption par l'atmosphère du rayonnement terrestre (330 W/m^2) n'avait pas lieu, celui-ci serait bien inférieur à 390 W/m^2 : la partie du milieu n'existerait pas, la Terre (surface + atmosphère) devrait libérer vers le haut 240 W/m^2 (correspondant aux flux radiatifs de 160 et 80 à gauche), ce qui donne une température de corps noir de 255 K pour la Terre, soit - 18 °C[1]. L'effet de serre permet donc de faire passer la température terrestre de - 18 °C (flux radiatif 240 W/m^2) à 15 °C (flux radiatif 390 W/m^2).

Pourquoi une planète a-t-elle une atmosphère ?

C'est la force de gravité exercée par une planète qui lui permet de retenir son atmosphère. Deux paramètres interviennent, celui de vitesse de libération (pour tout corps) et celui de vitesse thermique (pour les gaz). La vitesse de libération est celle à laquelle un corps

1. On ne donne pas ici le calcul, assez complexe à partir des formules de Planck et de Stefan, aboutissant à 390 W/m^2 pour 288 K. On peut néanmoins le vérifier de manière relative, à partir de la formule de Stefan qui donne une énergie rayonnée proportionnelle à σT^4 : le rayonnement pour 255 K est bien égal à $(255/288)^4 \times 390 = 240\ W/m^2$.

situé à la surface d'une planète (ou à proximité) peut échapper à son attraction, ce qui a lieu si :

$$\frac{1}{2}mv^2 \geq Gm\frac{M}{R}, \text{ soit } v_L{}^2 = 2G\frac{M}{R}$$

La vitesse de libération ne dépend que de la masse et du rayon de la planète ; elle est d'environ 11 km/s pour la Terre.

Parallèlement, la vitesse thermique d'un gaz est définie par la théorie cinétique des gaz (*k* étant la constante de Boltzmann) :

$$\frac{1}{2}mv^2 = 3\frac{kT}{2}, \text{ soit } v_T{}^2 = 3\frac{kT}{m}$$

La vitesse thermique dépend, elle, de la masse de la molécule de gaz. À partir de ces deux notions, on peut distinguer plusieurs catégories de planètes :

— pour les planètes lointaines (Jupiter, Saturne, Uranus, Neptune), la vitesse thermique des gaz est faible, la température étant faible à cause de l'éloignement du Soleil ; la vitesse de libération est élevée car ce sont des planètes massives ; on a $v_T < v_L$[1]. Ce sont des planètes dites « gazeuses » : elles ont gardé leur atmosphère initiale de gaz d'hydrogène et d'hélium autour d'un noyau de relativement faible dimension.

— pour les planètes situées plus près du Soleil, la vitesse thermique des gaz est plus forte. Ce sont des planètes dites « telluriques », principalement constituées par leur noyau solide : Mercure, Vénus, Terre et Mars. Les éléments d'hydrogène et d'hélium originels ont disparu, car $v_T > v_L$, avec néanmoins deux sous-cas :

- $v_T > v_L$ pour tous les éléments gazeux : la planète n'a pas d'atmosphère du tout. C'est le cas de Mercure, où la vitesse thermique est forte et la vitesse de libération faible ; c'est aussi le cas de la Lune. Ce sont des planètes sans atmosphère.

- $v_T > v_L$ pour les éléments gazeux les plus légers (hydrogène, hélium) mais non pour les plus lourds. La planète a alors pu conserver une atmosphère d'éléments gazeux plus lourds : atmosphère de

---

1. Pour les planètes gazeuses, la vitesse de libération varie de 21 km/s (Uranus) à 60 km/s (Jupiter) ; pour les planètes telluriques, elle varie de 4,5 km/s (Mercure) à 11 km/s (Terre).

CO_2 et d'azote sur Mars et Vénus, atmosphère d'azote et d'oxygène sur Terre.

Ainsi, donc, Mercure, la plus proche du Soleil, est dépourvue d'atmosphère car à la fois trop petite (faible gravitation) et trop proche du Soleil (forte température) pour retenir une quelconque molécule de gaz qui constituerait son atmosphère. Sans atmosphère protectrice, la température y monte jusqu'à 427 °C le jour, et descend la nuit jusqu'à – 170 °C, parce que la nuit y est longue (59 jours terrestres), et parce qu'il n'y a pas d'effet de serre renvoyant vers la planète son rayonnement infrarouge.

Au contraire, Vénus[1], située entre Mercure et Terre, a, elle, une atmosphère très dense. Cette atmosphère de dioxyde de carbone est la cause d'un effet de serre très important, conduisant à une température de 470 °C à la surface. Par ailleurs, Vénus possède une particularité, celle de tourner sur elle-même dans le sens inverse des autres planètes. On ne peut exclure que, suite à un choc avec un plus petit astre, la planète se soit « retournée », et qu'elle le fasse de temps à autre.

1. Vénus a longtemps été appelée, elle l'est parfois encore, « étoile du Berger », alors que ce n'est bien évidemment pas une étoile.

CHAPITRE 8

La magnétosphère protectrice

Pratiquement tous les corps célestes développent un champ magnétique *via* leurs pôles de rotation : la Terre, le Soleil, les étoiles à neutrons aux champs magnétiques très puissants... La façon dont ce champ se forme n'est pas encore totalement connue, quoique indiscutablement liée à la rotation de ces corps célestes sur eux-mêmes et à la présence de fer dans leur noyau. En ce qui concerne la Terre, son champ magnétique a une fonction importante pour la vie : les lignes de champ qu'il forme autour d'elle – ce qu'on peut appeler la « magnétosphère » – la protègent de l'activité solaire, et notamment des particules chargées fortement accélérées par le champ magnétique solaire.

Le géomagnétisme

La Terre génère un champ magnétique qui permet l'orientation par la boussole – maintenant dépassée par le GPS... On a longtemps cru que ce champ était dû au noyau de fer de notre planète jouant le rôle d'aimant permanent ; des théories physiques ultérieures viendront infirmer cette hypothèse : le noyau de fer est à une température de 5 000 K ; or ce métal, bien que restant conducteur, perd son magnétisme au-delà de 1 040 K (point de Curie). Il n'y a donc pas d'aimantation permanente au sein de la Terre. C'est, en fait, la rotation de la Terre sur elle-même qui met en mouvement les masses fluides de fer et de nickel du noyau et entretient un champ magnétique par « effet dynamo ».

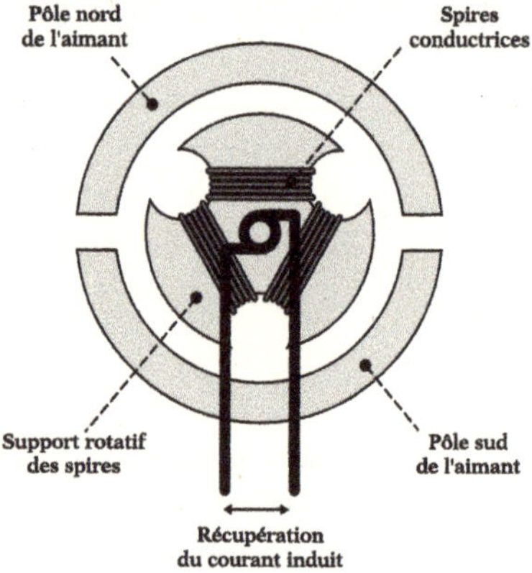

Figure 1 : La rotation d'une bobine conductrice non magnétique au sein d'un champ magnétique fixe produit de l'électricité (effet dynamo). Cet effet a longtemps été la principale source d'énergie industrielle avant l'apparition du transport de l'électricité. L'électricité ainsi produite dans les masses de fer en mouvement du noyau terrestre génère à son tour un champ magnétique, selon l'expérience d'Œrsted et la loi de Biot et Savart (l'expression la plus simple de cette loi est celle du champ magnétique induit en son centre par une spire de rayon R traversée par un courant I, $B = \mu_0 \times I/2R$, où le champ B est orienté perpendiculairement au plan de la spire, et où μ_0 est la perméabilité magnétique du vide).

Le champ magnétique terrestre joue le rôle de l'aimant de la figure, et les masses de fer liquide en rotation dans le noyau (non magnétiques à cause de leur température trop élevée, mais conductrices) jouent celui de la bobine conductrice et non magnétique : le champ magnétique terrestre s'auto-entretient ainsi par un effet dynamo analogue à celui de la figure. Même si l'on n'explique pas ainsi la présence d'un champ magnétique terrestre initial[1], ce

1. L'existence du champ magnétique terrestre reste un des sujets les plus difficiles de la géophysique et des sciences de la Terre depuis la fin du XIXe siècle. La simulation numérique du champ magnétique terrestre, par vérification de modèles

modèle de la « dynamo inhomogène auto-entretenue », proposé par Joseph Larmor en 1919, est celui qui donne satisfaction à l'heure actuelle.

L'inversion des pôles magnétiques

Le champ magnétique terrestre est assimilable à celui d'un aimant dipolaire, c'est-à-dire avec un pôle nord et un pôle sud. Actuellement, la ligne des pôles magnétiques est décalée d'environ 8° par rapport à la ligne des pôles géographiques, elle passe dans notre hémisphère au nord des côtes canadiennes, à 82° de latitude nord, et 11° de longitude ouest. Le pôle magnétique n'est pas stable : il se déplace d'environ 40 kilomètres par an dans la zone ; mais, surtout, il peut devenir franchement instable, et sur une certaine période parcourir le globe pour se retrouver de l'autre côté : c'est ce qu'on appelle une « inversion des pôles magnétiques ». Le géophysicien Bernard Brunhes (1867-1910), en observant en 1905 dans le Massif central des roches volcaniques qui indiquent la direction du champ magnétique tel qu'il était au moment où les laves se sont solidifiées[1], a démontré l'existence d'une inversion du champ magnétique terrestre. Cette inversion avait eu lieu il y a 700 000 ans environ (c'est la dernière en date) ; par la suite, par carottage dans des zones volcaniques, on a pu établir que, depuis l'ère jurassique (il y a 180 millions d'années), jusqu'à cinq inversions ont eu lieu chaque million d'années.

À propos des inversions de pôles, notons qu'à l'heure actuelle ce qu'on désigne comme pôle nord de la boussole est en fait le pôle sud

---

théoriques sur ordinateur, est un des axes de recherche important des sciences de la Terre. On pourra consulter sur Internet les vidéos des conférences de l'Université de tous les savoirs consacrée en janvier 2009 au magnétisme (www.utls.fr).

1. Les composants magnétiques de la lave (comme la magnétite Fe_3O_4), quand ils refroidissent et se solidifient sous le point de Curie du fer, s'ordonnent en fonction du champ magnétique terrestre existant à ce moment-là.

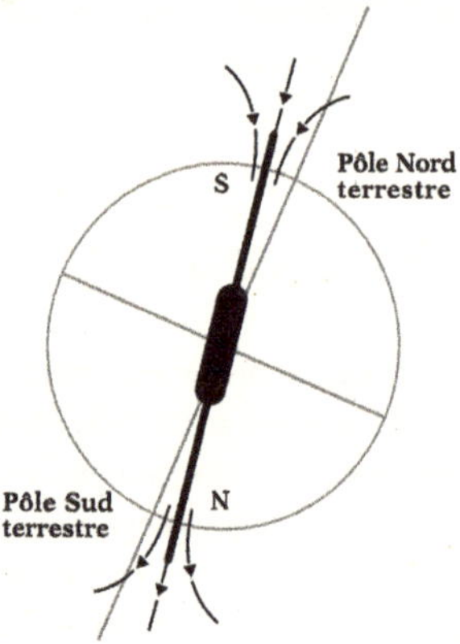

Figure 2 : Schématisation d'un aimant permanent au sein du globe terrestre, légèrement décalé par rapport à l'axe des pôles géographiques, et inversé par rapport à cet axe : le point S, près du pôle Nord géographique, est le pôle sud magnétique par lequel entrent les lignes du champ magnétique terrestre.

magnétique : dans un aimant, les deux pôles ne sont pas symétriques, les lignes de champ magnétique sortent par le pôle nord et entrent par le pôle sud.

Études sur les inversions de pôles

L'étude particulière d'une inversion des pôles magnétiques a été faite sur les roches volcaniques des Steen Mountains (Oregon, États-Unis). Cette inversion, qui date de 19 millions d'années, n'est évidemment pas instantanée. Elle s'est étendue sur une période de 15 000 ans, au cours de laquelle le pôle nord magnétique est allé d'un pôle géographique à l'autre en suivant une trajectoire compliquée. Au cours de cette pérégrination polaire, la valeur du champ est descendue jusqu'à un cinquième de sa valeur initiale.

Une autre mesure étonnante a été faite récemment, montrant la richesse de la recherche sur le champ magnétique terrestre : suivant le continent où sont effectuées à un même moment les mesures de moment magnétique, on obtient des trajectoires qui ne se rejoignent pas exactement en un point unique (le pôle magnétique). Cela est interprété comme une confirmation de la théorie de la dérive des continents : les masses de fer liées aux plaques continentales mouvantes ont influé au cours des âges sur la valeur du champ magnétique terrestre et sur la position des pôles magnétiques.

Vent solaire et aurores boréales

Le vent solaire correspond à l'expulsion par le Soleil d'un flux de particules chargées (électrons, protons), à la vitesse d'environ 500 km/s. Il a deux effets observables : les queues de comète[1] et les aurores boréales[2]. Ce flux de particules chargées se heurte, lorsqu'il arrive au voisinage de la Terre, à la magnétosphère terrestre, à environ 800 kilomètres d'altitude : les particules sont alors guidées par les lignes de champ magnétique terrestre vers les pôles.

Dans la haute atmosphère des pôles magnétiques nord et sud, à 80 kilomètres d'altitude, les électrons fortement énergétiques du vent solaire interagissent avec les atomes d'oxygène, d'hydrogène, d'azote de l'ionosphère. Les atomes ainsi excités se désexcitent en émettant des photons, à l'origine de phénomènes lumineux. Ce sont les fameuses aurores boréales (dans l'hémisphère Nord) ou australes, liées à une activité solaire et à un vent solaire importants.

Un autre phénomène découle des mêmes interactions, notamment lors d'intenses variations de l'activité solaire : ce sont les orages

1. Les constituants de la comète sont soufflés à l'opposé de la direction du Soleil par le vent solaire, et constituent sa queue (*cf.* chapitre suivant).

2. Nous reviendrons sur cette propriété des étoiles, appelée vent stellaire pour les autres étoiles. Cela sera étudié en détail dans le chapitre consacré aux rayons cosmiques. Le vent solaire est un cas particulier de rayon cosmique, plutôt faiblement énergétique par rapport aux rayons cosmiques. Nous nous intéressons ici à ses effets sur Terre, et notamment les aurores boréales, directement liées au champ magnétique terrestre.

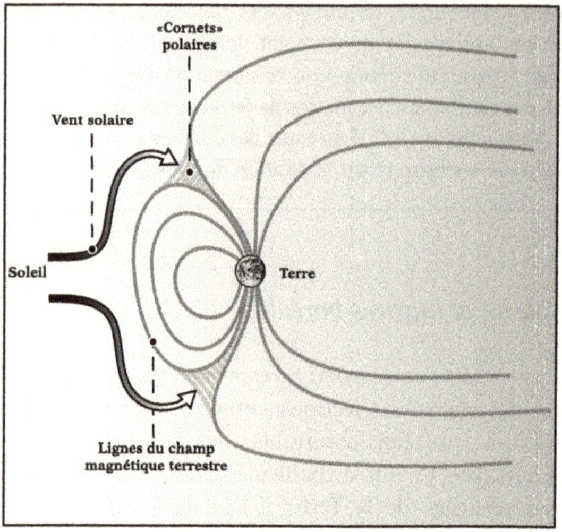

Figure 3 : Configuration des lignes de champ magnétique terrestre. À 800 kilomètres d'altitude, elles détournent les particules chargées du vent solaire (comme une pile de pont détourne la rivière). En ce sens, la magnétosphère protège la Terre, comme un bouclier, des particules énergétiques du vent solaire. Celles-ci sont guidées vers les pôles magnétiques *via* les « cornets polaires ». Arrivées dans l'atmosphère, à 80 kilomètres d'altitude, elles provoquent aurores boréales et orages magnétiques. Inversement, le vent solaire étire les lignes de champ magnétique de l'autre côté de la Terre, formant une « queue de comète » magnétique.

magnétiques, qui causent de brusques variations du champ magnétique terrestre, et l'induction de courants électriques très forts (jusqu'à 100 ampères) dans les neutres des transformateurs. Ainsi, à deux reprises en 1969 et en 1972, la ville de New York, proche du pôle magnétique, a été plongée dans le noir ; le 13 mars 1989, 6 millions de Canadiens furent privés de courant pendant neuf heures. De nos jours, ces phénomènes sont mieux connus, et l'activité solaire mieux surveillée pour les prévenir.

CHAPITRE 9

Planètes, astéroïdes, comètes

On classe les corps du système solaire gravitant autour du Soleil en diverses catégories, constituées au cours de l'histoire de l'astronomie :

— les planètes, dont la plupart furent observées dès l'Antiquité ; seules Uranus et Neptune ne le furent qu'en 1781 et 1846 respectivement ;

— les planètes naines, catégorie créée par l'Union astronomique internationale en 2006 afin de résoudre le « cas Pluton », qui n'est plus une planète mais une planète naine ;

— les astéroïdes, corps plus petits, dénombrables par millions dans le système solaire.

Pourquoi Pluton n'est plus une planète ?

Après William Herschel, qui découvre Uranus en 1781, Le Verrier qui découvre Neptune en 1846[1], l'astronome américain

1. Le Verrier avait entièrement fait ses calculs sur papier, en prévoyant la position de la « nouvelle » planète ; l'astronome Johann Galle, le 23 septembre 1846 à Berlin, fut le premier à observer Neptune avec son télescope, à la position prévue par Le Verrier. Arago relata cela par la fameuse phrase : « M. Le Verrier a aperçu le nouvel astre sans avoir besoin de jeter un seul regard vers le ciel ; il l'a vu au bout de sa plume. »

Clyde Tombaugh découvre Pluton en 1930, initialement classée comme neuvième planète du système solaire, la plus éloignée. Cependant, à mesure que la connaissance de Pluton allait avancer, ce statut de planète sera remis en question, jusqu'à son abandon par l'Union astronomique internationale (UIA) en août 2006. La première alerte était venue de la découverte en 1978 de son satellite Charon : sa masse était relativement importante pour un satellite. La décision de 2006 fut prise à la suite de la découverte d'un autre corps très similaire, de masse voisine, à une distance environ deux fois plus lointaine par rapport au Soleil, baptisé Éris. Ce corps était potentiellement la dixième planète du système solaire : devant la possibilité de découvrir de multiples autres « planètes », la catégorie de « planète naine » a été créée, et Pluton est passée en 2006 du statut de planète à celui de planète naine. De fait, ses caractéristiques sont fort différentes de celles des planètes du système solaire :

— son orbite est fortement inclinée sur le plan de l'écliptique, à 17°, à la différence des autres planètes qui orbitent dans un plan commun, dit « plan écliptique » ; de même, l'orbite d'Éris est inclinée à 44° sur ce plan ;

— son orbite est fortement excentrique, la distance de Pluton au Soleil variant de 4 à 7 heures-lumière, à la différence des autres planètes qui ont une orbite quasi circulaire ; de même, la distance au Soleil d'Éris varie de 6 à 13 heures-lumière ;

— la découverte de son satellite Charon en 1978 a permis de calculer beaucoup plus précisément la masse de Pluton : après de fortes variations dans l'estimation, elle est à présent évaluée à 1/500 de masse terrestre, et son satellite Charon à une masse 10 fois inférieure ; par comparaison, la Lune a une masse 100 fois inférieure à celle de la Terre. Le centre de gravité du système planète-satellite est à l'intérieur de la Terre pour le système Terre-Lune, il est entre les deux corps pour le système Pluton-Charon ;

— à titre de comparaison, la masse de Mercure, planète la plus petite et la plus proche du Soleil, est 25 fois plus élevée que celle de Pluton ;

— Pluton est en résonance avec la planète la plus proche, Neptune : elle fait deux révolutions autour du Soleil pendant que Neptune en fait trois ; cela prouve une influence gravitationnelle importante de Neptune sur Pluton, phénomène qu'on ne retrouve pas sur deux planètes voisines du système solaire ;

— depuis 1995, on a trouvé environ 150 corps situés au-delà de Neptune, et qui partagent avec Pluton cette même résonance : ils ont été baptisés « plutinos » ; certes, ils sont beaucoup plus petits que Pluton, mais cette caractéristique commune amène à comparer Pluton aux plutinos plutôt qu'aux planètes.

Suivant les normes de l'UIA depuis l'été 2006, les planètes du système solaire sont au nombre de 8 (Neptune étant la plus éloignée), et la catégorie des planètes naines est créée, comprenant actuellement Pluton, Éris et Cérès. Ce dernier corps, situé entre Mars et Jupiter, de masse environ 10 fois inférieure à Pluton et à Éris, avait lui aussi été considéré comme une planète pendant cinquante ans après sa découverte en 1801...

Les astéroïdes

Les astéroïdes (*étym.* « semblable à un astre ») sont des corps rocheux du système solaire, gravitant autour du Soleil avec des trajectoires elliptiques à faible excentricité. Les plus gros astéroïdes sont quasi sphériques, mais les plus petits peuvent avoir des formes très diverses, par exemple celle de grosse pomme de terre comme dans les films de science-fiction.

Il existe deux zones du système solaire particulièrement riches en astéroïdes :

— la *ceinture d'astéroïdes principale*, connue dès le XVIIIe siècle, entre Mars et Jupiter, à une distance de 300 à 600 millions de kilomètres du Soleil (2 à 4 UA[1]) ;

---

1. L'unité astronomique (en abrégé UA) est une unité de distance correspondant à la distance Terre-Soleil, soit environ 150 millions de kilomètres.

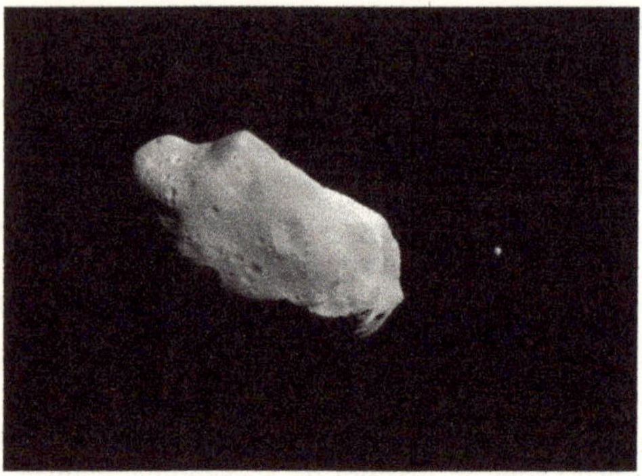

Figure 1 : L'astéroïde Ida et, à droite, son satellite Dactyl. Photographie NASA prise lors de l'approche à 3 500 kilomètres de l'astéroïde par la sonde Galileo le 28 août 1993. Ida est situé à 441 millions de kilomètres du Soleil (dans la « ceinture principale ») et d'une dimension de 50 kilomètres de long sur 20 de large.

— la *ceinture de Kuiper,* détectée plus récemment comme une zone d'astéroïdes, au-delà de Neptune, vers Pluton, à une distance de 50 UA (soit 7,5 milliards de kilomètres).

C'est au tout début du XIXe siècle que les astronomes, pointant leurs télescopes entre Mars et Jupiter où « manquait » une planète, allaient découvrir de nombreux nouveaux corps célestes : Cérès (1801), Pallas (1802), Junon (1804), Vesta (1807), etc. ; on a vu que le plus gros d'entre eux, Cérès, de 1 000 kilomètres de diamètre, après avoir longtemps été considéré comme une planète, a rejoint la catégorie des astéroïdes cinquante ans plus tard, avant d'être à présent versé dans la catégorie des planètes naines. Le plus gros astéroïde est maintenant Pallas (découvert en 1802 par Olbers), avec 600 kilomètres de diamètre. Tous ces astéroïdes « historiques » sont dans la ceinture principale : l'explication la plus couramment admise de cette ceinture est la taille de Jupiter et son effet gravitationnel, qui auraient empêché la matière de s'accréter en une nouvelle planète à son voisinage.

Signalons que certains astéroïdes sont dits « géocroiseurs » : tout en gravitant autour du Soleil, ils croisent l'orbite terrestre.

Ainsi, l'astéroïde Hermès, en 1937, frôla la Terre à 640 000 kilomètres de distance.

Les comètes

Les comètes sont des corps particuliers dans leur composition : à la base très petits (un noyau de comète a en moyenne un diamètre de 15 kilomètres, plus petit que celui de l'astéroïde moyen), ils sont néanmoins très visibles à l'œil nu (à la différence des astéroïdes) quand ils s'approchent du Soleil, par l'effet de leur chevelure et de leur queue.

On connaît des comètes ayant des orbites non fermées, hyperboliques ou paraboliques : toutefois, la proportion des comètes à orbite elliptique a beaucoup augmenté au XXe siècle, avec la reconstitution plus précise des trajectoires connues et la découverte de nombreuses autres comètes. Les trajectoires hyperboliques ou paraboliques s'expliquent par des forces gravitationnelles très variables sur certaines comètes, qui peuvent passer de l'attraction solaire à l'attraction d'une autre étoile, et *vice versa*.

Comme pour les astéroïdes, on a pu isoler plusieurs zones de provenance des comètes, des plus proches aux plus éloignées :

— la famille des comètes dites jupitériennes, qui orbitent autour du Soleil tout en restant dans les limites de l'orbite de Jupiter (zone peu différente de la ceinture d'astéroïdes principale) ;

— la ceinture de Kuiper, à 50 UA, comme pour les astéroïdes ;

— le nuage de Oort, aux confins du système et de l'attraction solaires, à 50 000 UA.

Le fait que les deux premières zones soient communes aux astéroïdes et aux comètes montre que la distinction des deux types d'objets n'est pas toujours claire[1]. Ces zones comprennent plutôt les comètes à période courte (inférieure à deux cents ans), les moins inclinées sur le plan écliptique, tournant dans le même sens que les

1. Il est arrivé dans l'histoire de l'astronomie qu'un astéroïde soit requalifié en comète, et *vice versa*.

planètes. La troisième zone comprend les comètes à période longue (voire à période infinie, c'est-à-dire à trajectoire non elliptique), fortement inclinées sur le plan écliptique des planètes, et à orbite qui peut être rétrograde par rapport à celle des planètes (on connaît environ 500 comètes de ce type).

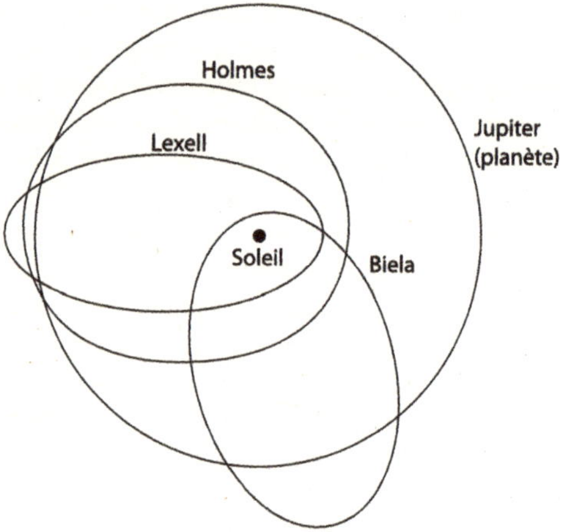

Figure 2 : Schéma des trajectoires d'un certain nombre de comètes proches, dites « jupitériennes ». En fonction de son mouvement et de celui de Jupiter, une comète lointaine peut voir sa trajectoire modifiée par l'attraction de la planète, et ainsi entrer dans la catégorie des comètes « jupitériennes ». Parmi celles-ci, on a figuré la comète de Holmes (visible fin 2007, *cf.* encadré ci-dessous), la comète de Biela qui pourrait s'être désintégrée dans une pluie de météores en novembre 1872 (*cf.* chapitre suivant) et la comète Lexell qui en juin 1770 a atteint la distance la plus proche connue entre une comète et la Terre (à 2,3 millions de kilomètres, elle avait un diamètre apparent égal à 5 fois celui de la pleine lune). Les comètes dites « lointaines », même si leur orbite s'approche très près du Soleil, ne figurent pas sur ce schéma, pour des raisons d'échelle ; citons néanmoins la comète de Halley, dont l'orbite va au-delà de Neptune, et la comète Hale-Bopp, observée pour la première fois en juillet 1995 par deux astronomes amateurs, qui a été visible à l'œil nu dans le ciel pendant dix-huit mois à partir de juin 1996.

La comète se compose de trois éléments physiques :

— le noyau, corps de très faible dimension, de l'ordre de 15 kilomètres de diamètre, composé d'oxyde de carbone et de glace – compte tenu des températures du milieu planétaire ; cette composition a valu aux comètes le sobriquet de « boule de neige sale » ;

— la chevelure, de forme sphérique autour du noyau et de taille beaucoup plus importante (de l'ordre de 100 000 kilomètres de diamètre) ;

— la queue, d'autant plus longue que la comète se rapproche du Soleil, et dont la taille va de 10 à 100 millions de kilomètres.

Objet petit en son centre et très peu dense, la comète n'est évidemment pas sa propre source de lumière : elle est éclairée par le Soleil, comme la Lune. Mais les gaz de sa chevelure absorbent la lumière énergétique du Soleil (rayons X et ultraviolets notamment) et la réémettent par fluorescence dans des longueurs d'onde voisines. Ainsi, la chevelure de la comète est beaucoup plus lumineuse lorsque la comète est à proximité du Soleil, et donc dans la partie de sa trajectoire visible depuis la Terre.

C'est d'ailleurs la luminosité de la chevelure (du type « boule de feu »), ainsi que la luminosité et la longueur de la queue qui rendent spectaculaire le passage d'une comète : la comète de Halley, qui passe tous les soixante-dix-sept ans, avait, lors de son avant-dernier passage en mai 1910, une queue de 120°, c'est-à-dire s'étendant sur la quasi-totalité du ciel ; la comète Ikeya-Seki a été visible le 21 octobre 1965 à l'œil nu dans la journée, avec un éclat comparable à la demi-lune.

La queue[1], quant à elle, apparaît au fur et à mesure que la comète se rapproche du Soleil : l'effet spectaculaire à l'approche du Soleil est dû à la fois à la plus forte luminosité et à l'apparition de la queue de comète. Comme pour les aurores boréales, c'est le vent solaire qui est à l'origine de cette queue. Les particules électriquement chargées du vent solaire arrachent les gaz de la chevelure et

1. Il existe une deuxième queue de comète, dite « queue de poussière ». Nous n'avons étudié ici, par simplification, que la queue dite « de plasma ».

La comète de Holmes (fin 2007)

En novembre et décembre 2007, de manière inattendue par sa luminosité, la comète de Holmes a pu être vue à l'œil nu la nuit pendant trois mois dans la constellation de Persée.

Elle avait une particularité, son absence de queue. Moins spectaculaire que d'autres comètes récentes (Halley 1986, Hale-Bopp 1997), son observation était néanmoins intrigante, parce qu'à l'œil nu, à cause de cette absence de queue, peu de choses la distinguaient d'une étoile voisine.

Elle apparaît dans un halo cotonneux, sa chevelure : c'est elle qui la distingue des étoiles de Persée, et notamment de Mirfak. On avait ainsi côte à côte :

– d'une part, une étoile à 600 années-lumière, grande comme 60 fois le Soleil, émettant sa lumière propre ;

– d'autre part, la comète de Holmes, d'apparence stellaire, mais distante de seulement 250 millions de kilomètres, soit 14 minutes-lumière (à comparer aux 8 minutes-lumière entre la Terre et le Soleil), et réfléchissant la lumière solaire.

La comète de Holmes, dont la trajectoire était prévue (elle avait été observée pour la première fois par l'astronome britannique Edwin Holmes en 1892), a néanmoins surpris par l'augmentation de son intensité lumineuse fin 2007. Ces variations de luminosité sont interprétées comme liées à une brusque variation d'activité solaire, dégageant des flux de rayons X et ultraviolets plus importants, réfléchis par fluorescence par les gaz de la chevelure des comètes.

forment la queue de comète. Même si elle est visible à l'œil nu, sa densité est très faible : elle contient de 10 à 100 molécules au cm^3, ce qui en fait un milieu encore 1 000 fois moins dense que celui obtenu à l'aide des meilleures techniques actuelles de fabrication du vide. Elle est orientée dans la direction opposée au Soleil, quelle que soit la course de la comète (figure ci-dessous).

Dans les vingt-cinq dernières années, deux événements importants ont eu lieu dans le monde cométologique :

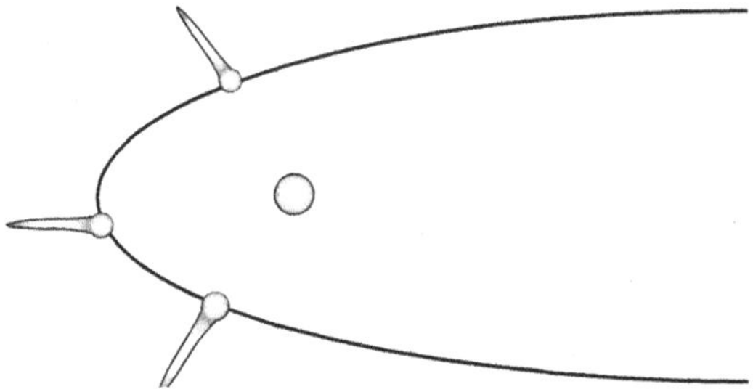

Figure 3 : La comète, qui a une trajectoire d'ellipse à forte excentricité, fait un « tour de bouée » autour du Soleil. Sa trajectoire est représentée par l'ellipse, tandis que la queue (dite « queue de plasma ») apparaît sur l'axe comète-Soleil, à l'opposé du Soleil, dans une direction qui n'a rien à voir avec sa trajectoire. On ne peut pas voir une comète se déplacer, mais une prise d'images passée en accéléré la montrerait avançant sur sa trajectoire et sa queue se réalignant constamment sur l'axe comète-Soleil. Une comète s'éloignant du Soleil, encore située entre lui et la Terre, montrerait une queue qui la précède dans sa course.

— dans la nuit du 13 au 14 août 1986, la sonde Giotto[1], lancée par l'Agence spatiale européenne (*Ariane 1*), a traversé la chevelure de la comète de Halley, à 600 kilomètres du cœur ; elle a confirmé une composition du cœur de 80 % d'eau (sous forme de glace) et 10 % de monoxyde de carbone ;

— en juillet 1994, la comète Shoemaker-Levy 9 s'est écrasée sur la planète Jupiter. Cette comète, gravitant autour de Jupiter et non du Soleil, était inconnue avant mars 1993 ; la date de la collision avait pu être calculée quelques mois auparavant, tous les astronomes étaient au rendez-vous. De fait, par sa taille, Jupiter constitue une cible de choix pour les météorites et en piège de nombreuses par sa force d'attraction : elle protège ainsi partiellement les planètes voisines, dont la Terre, des météorites[2].

1. Ainsi nommée parce que le peintre italien Giotto (1267-1337) avait observé la comète de Halley en 1301, et l'avait représentée dans son tableau *L'Adoration des Mages*.
2. D'autres planètes, telluriques celles-ci, comme Mercure, Mars ou la Lune, montrent encore aujourd'hui de nombreux cratères, traces d'impact de météorites et de comètes.

CHAPITRE 10

Météores et météorites

Intéressons-nous à présent au phénomène d'interaction entre ces corps, fragments d'astéroïdes ou de comètes, avec l'atmosphère : on désigne sous le nom de « météore » la désintégration totale ou partielle d'un tel fragment dans l'atmosphère, ce qui donne lieu à un phénomène de type « étoile filante ». Quand ce fragment n'est pas totalement désintégré dans l'atmosphère et qu'il vient à en tomber des débris sur la surface terrestre, ceux-ci sont appelés météorites. Ainsi, *le* météore correspond au phénomène lumineux de l'astéroïde qui se désintègre dans l'atmosphère, *la* météorite correspond à l'objet arrivé sur la surface terrestre sans être désintégré.

Les météorites

Des chutes de météorites ont été observées de tout temps, mais pendant longtemps ce phénomène resta méconnu par la science. En 1790, lors de la chute météoritique de Barbotan (Gers), des savants se moquèrent des dires des paysans, accordant peu de crédit à leur témoignage ; dans certains pays, on pensait que les chutes étaient liées à une activité volcanique voisine existante, ou nouvelle[1]. Ce n'est qu'en

1. Il en avait été de même avec les comètes, phénomène pourtant beaucoup plus visible par tous. On pensait à une origine atmosphérique ou lunaire ; il faut attendre

1803, à la suite d'une chute de météorites sur L'Aigle (Orne), que le ministre de l'Intérieur Chaptal et l'Académie des sciences envoyèrent un savant, Jean-Baptiste Biot, mener une enquête sur place.

Un rapport de police de l'académicien Biot (1803)

Le rapport de Biot est le premier écrit qui atteste, de la part d'un savant, de la réalité extraterrestre (c'est-à-dire d'origine non terrestre) des météorites. Biot établira notamment la présence de fragments sur une ellipse de 10 kilomètres de long sur 3 de large, et fera la relation entre le grand axe de l'ellipse et l'orientation de la trajectoire de chute. Ce texte[1], qui se présente comme une véritable investigation scientifico-policière, est fondé sur le recueil de témoignages recoupés, en voici quelques extraits :
« Dans le nombre se trouvent des hommes faits, des femmes, des enfants, des vieillards ; ce sont des paysans simples et grossiers, qui demeurent à une grande distance les uns des autres ; des laboureurs plein de sens et de raison ; des ecclésiastiques respectables, des jeunes gens qui, ayant été militaires, sont à l'abri des illusions de la peur : toutes ces personnes, de professions, de mœurs, d'opinions si différentes, n'ayant que peu ou point de relations entre elles, sont tout à coup d'accord pour attester un même fait, au même jour, à la même heure, au même instant. (...) On n'a jamais vu, avant l'explosion du 6 floréal, de pierres météoritiques entre les mains des habitants du pays. Les collections minéralogiques, faites pour recueillir les produits du département, ne renferment rien de semblable (...). Les fonderies, les usines, les mines des environs n'ont rien dans leurs produits ni dans leurs scories qui ait avec ces substances le moindre rapport. On ne voit dans le pays aucune trace de volcan.

Tycho Brahe qui en 1577 observe une comète et compare ses mesures de position à celles faites par un collègue de Prague. L'absence de parallaxe significative montrait que la comète était beaucoup plus éloignée que la Lune.

1. On peut consulter ce document, commenté par l'auteur, sur le site BibNum « Textes fondateurs de la science », à http://bibnum.education.fr.

Tout à coup, et précisément depuis l'époque du météore, on trouve ces pierres sur le sol et dans les mains des habitants du pays, qui les connaissent mieux qu'aucune autre (...). Ces pierres ne se rencontrent que dans une étendue déterminée, sur des terrains étrangers aux substances qu'elles renferment, dans des lieux où il serait impossible qu'en raison de leur volume elles aient échappé aux regards. »

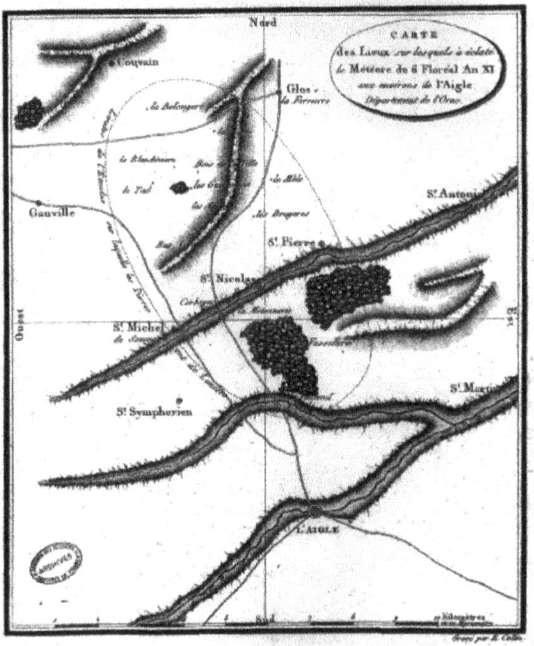

Figure 1 : « Carte des lieux sur lesquels a éclaté le météore du 6 floréal an XI aux environs de L'Aigle, département de l'Orne », en introduction du rapport de Biot (archives de l'Académie des sciences). On devine le tracé de l'ellipse où Biot a décelé les fragments, ellipse orientée dans le sens de la trajectoire de la météorite lors de sa chute.

On connaît en France onze sites météoritiques (dont celui de L'Aigle), la dernière chute observée ayant eu lieu le 27 juin 1966 à Saint-Séverin (Charente). Sur Terre, une chute météoritique récente et beaucoup plus importante eut lieu le 30 juin 1908 : une boule de feu avait été observée dans le ciel de la Tunguska en Sibérie centrale, et l'impact, entendu à 800 kilomètres à la ronde, avait détruit des milliers de têtes de bétail et 2 000 km^2 de forêt.

Le site français le plus important est Rochechouart (Haute-Vienne), où une météorite de 1,5 kilomètre de diamètre s'est écrasée il y a 210 millions d'années. Au niveau planétaire, le cratère le plus important est le Meteor Crater dans l'Arizona (États-Unis) : à la différence de Rochechouart où n'existe plus de trace, cet impact beaucoup plus récent est encore visible. La plus grosse météorite observable sur Terre, *in situ* car elle ne peut être déplacée, est à Hobu en Afrique du Sud : c'est une sidérite (ferreuse, donc moins soumise à l'érosion) qui mesure 3 × 3 × 1 mètres et pèse 60 tonnes.

Bien que les paléontologues ne soient pas totalement unanimes sur la cause de l'extinction des dinosaures et de nombreuses autres

Figure 2 : Le Meteor Crater dans l'Arizona, de 1 200 mètres de diamètre et de 150 mètres de profondeur, causé par une chute météoritique il y a 50 000 ans, est le plus grand sur Terre ; il n'a pas été érodé. L'absence de la météorite a été expliquée par l'astronome Shoemaker : le corps pierreux se désintègre en même temps qu'il touche le sol, se répandant en une multitude de poussières alentour.

espèces, à la fin du crétacé, il y a 65 millions d'années, l'explication dominante est la chute d'une météorite à Chixculub, au nord de la péninsule du Yucatan au Mexique ; l'impact a laissé un cratère de 200 kilomètres de diamètre, il aurait obscurci durablement l'atmosphère terrestre en accroissant considérablement l'effet de serre et provoqué d'importants tsunamis, tremblements de terre, feux de forêts et pluies acides sur toute la planète.

Composition des météorites

On peut voir des pierres météoritiques dans de nombreux musées de minéralogie, à côté des pierres terrestres plus traditionnelles. Il en existe deux catégories :

— à 90 %, ce sont des météorites pierreuses, ou aérolithes. Elles combinent les quatre éléments chimiques majeurs analogues à ceux de la Terre, l'oxygène (O), le fer (Fe), le silicium (Si), le magnésium (Mg) (O 35 %, Fe 23 %, Si 18 %, Mg 14 %), sous forme de composés, silicates comme le quartz SiO_2 ou l'olivine, silicate double de fer et de magnésium (Mg, Fe)2SiO_4 ;

— à 10 %, ce sont des météorites ferreuses, ou sidérites (Fe 90 %, nickel Ni 9 %) ; on a d'ailleurs pu montrer que la seule source de fer dans l'Antiquité, en Égypte, pour les armes notamment, était la pierre « tombée du ciel », la météorite ferreuse[1].

La composition des météorites est fort intéressante, puisqu'elle correspond à celle des astéroïdes, formés en même temps que le système solaire et ses planètes, la différence étant que ce sont des corps de petite taille[2]. Une météorite, même si ce n'est qu'un fragment, nous renseigne sur la composition de l'astéroïde lui-même : formés

1. Fer et ciel partagent la même étymologie grecque : la sidérite, « fer tombé du ciel », vient du grec *sideros*, « ciel » ; l'adjectif « sidéral » se rapporte au ciel (*cf.* chapitre 1, à propos du « jour sidéral ») ; on parle de « sidérurgie » pour le travail du fer.
2. Comme le dit André Brahic (bibliographie [3]), les météorites sont les « pierres de Rosette » contribuant à déchiffrer la formation du système solaire.

en même temps que les planètes, les astéroïdes s'apparentent à des « Terre miniature ».

Deux éléments distinguent les aérolithes des roches terrestres traditionnelles :

— la combinaison des quatre éléments y est souvent différente de la croûte terrestre, la proportion de Fe et de Mg est plus élevée, au détriment de O et de Si ;

— surtout, l'aérolithe présente des inclusions sphériques de quelques millimètres appelées « chondres », qu'on ne retrouve dans aucune roche terrestre ; ces inclusions sont à peu près sphériques, d'aspect vitreux, sans doute formées par des gouttes refroidies provenant de gaz de la nébuleuse solaire ; elles pourraient être la trace d'une constitution de la roche dans les conditions de pesanteur réduite, au moment de la formation du système solaire.

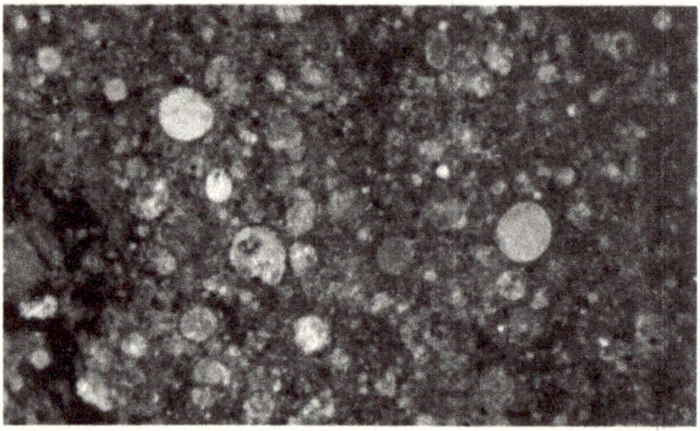

Figure 3 : Coupe d'une météorite pierreuse (aérolithe) : on voit apparaître les globules sphériques caractéristiques.

Les « étoiles filantes » ou météores

Le terme « étoile filante » prête à confusion et n'existe qu'en français : les autres langues utilisent le vocable « météore », qui est aussi la désignation française correcte – même si elle est moins poétique – quoique... Un météore est un fragment d'astéroïde ou de comète qui pénètre l'atmosphère, à environ 100 kilomètres d'altitude, et s'y désintègre. Malgré les apparences, et malgré l'expression d'« étoile filante », ce n'est donc en rien un phénomène stellaire, puisqu'il concerne des objets du système solaire (et non des étoiles), et se produit dans l'atmosphère terrestre (c'est d'ailleurs la raison pour laquelle on les voit si bien).

Les étoiles filantes peuvent être un phénomène périodique ou occasionnel. De manière périodique, la Terre passe lors de sa révolution annuelle à travers un essaim de poussières météoritiques laissées par certaines comètes : par exemple, chaque année, en août, elle traverse les poussières laissées par le passage régulier de la comète de Swift-Tuttle : par effet d'optique, les étoiles filantes, en grand nombre, semblent venir de la constellation de Persée. Ce phénomène périodique a lieu du 20 juillet au 19 août, avec un maximum dans la nuit du 12 au 13 août. Occasionnellement, la désintégration d'une comète entière peut produire une pluie de météores : ainsi, en novembre 1872, les astronomes avaient pu conjecturer la désintégration prochaine de la comète de Biela, comète à courte période qu'on pouvait observer à intervalles réguliers à luminosité toujours plus faible, ce qui traduisait une perte de matière ; le 27 novembre 1872, cette conjecture se vérifia par une véritable chute d'étoiles filantes « à gros flocons », environ 60 000 en quelques heures pendant la nuit ; la comète de Biela n'a jamais été revue depuis, preuve supplémentaire de sa désintégration.

On voit plus d'« étoiles filantes » dans le ciel après minuit pour une raison liée à la combinaison des mouvements de translation et de rotation de la Terre. Celle-ci fait qu'un observateur, avant minuit, est dans « le sens inverse de la marche » par rapport au mouvement de translation ; après minuit, le même observateur est dans le sens de la marche, et voit plus de microcorps du système solaire : de la même manière, dans une voiture qui avance dans la neige qui tombe, vous voyez plus de flocons à travers le pare-brise qu'à travers la lunette arrière.

Le tableau récapitulatif suivant permet de distinguer les caractéristiques des différents phénomènes observables :

[du plus lointain au plus proche] →	**Comète**	**Météore (étoile filante)**	**Chute de météorite**
Où un observateur terrestre les voit-il ?	Dans le système solaire, comme une planète	Dans l'atmosphère	Dans l'atmosphère très proche + phénomène sonore (bruit sourd d'une onde de choc)
À quelle distance typique ?	Visible jusqu'à 5 UA Distance typique 30 à 100 millions de kilomètres	100 kilomètres d'altitude	10 kilomètres d'altitude
À quelle vitesse typique ?		30 à 60 km/s (vitesse relative à la Terre)	15 à 30 km/s dans l'atmosphère 1 à 5 km/s en arrivant sur Terre
D'ou vient la luminosité ?	Réflexion de la lumière solaire + fluorescence de la chevelure	Échauffement par friction dans l'atmosphère (phénomène lumineux)	Échauffement et désintégration dans l'atmosphère
Quel type de trajectoire ?	Champ de gravitation du Soleil – ellipse (parfois hyperbole ou parabole)	Champ de gravitation de la Terre	Champ de gravitation de la Terre + chute
Que sont ces corps ?	« Boule de neige sale »	Petits fragments d'astéroïdes (poussières) – Essaims laissés par le passage de comètes	Fragments d'astéroïdes (parfois de comètes)

CHAPITRE 11

Quelques observations astronomiques

Revenons sur quelques observations célestes importantes en astronomie, notamment au cours de son histoire. Nous faisons ici un choix qui nous amène à nous interroger sur la réalité des observations célestes que nous faisons, par exemple à l'œil nu. L'homme a toujours voulu ordonner le spectacle des étoiles, en les nommant et en les assemblant en constellations qui ne correspondent à aucune autre réalité qu'anthropocentrique.

La magnitude

Dans le mythe de l'univocité de la création, on a longtemps cru que les étoiles avaient la même luminosité intrinsèque (ou magnitude absolue), et que seule la distance à la Terre les rendait plus ou moins brillantes (la luminosité vue depuis la Terre est la magnitude apparente). Au IIe siècle avant notre ère, Hipparque a classé les étoiles de 1 à 6 suivant leurs magnitudes apparentes, 1 étant attribué à la plus brillante. On remarqua au XIXe siècle que les étoiles de catégorie 1 étaient 100 fois plus brillantes que celles de catégorie 6, ce qui amena, pour respecter l'échelle d'Hipparque, à définir la magnitude apparente comme suit :

$$m = -2,5 \log_{10}E + K = -2,5 \log_{10}(L/4\pi d^2) + K$$

où m est la magnitude apparente, E le flux énergétique reçu par unité de surface terrestre, L la luminosité intrinsèque de l'étoile et d sa distance, K étant une constante.

La relation de Pogson donne la différence de magnitude apparente de deux astres : $m_1 - m_2 = -2{,}5 \log_{10}\left(\frac{L_1}{L_2} \times \frac{d_2^2}{d_1^2}\right)$.

Comme tout ce qui est lié à la perception sensorielle, la magnitude est une échelle logarithmique de la luminosité intrinsèque (*cf.* le décibel[1] qui est une mesure logarithmique de la puissance sonore). L'échelle logarithmique est inversée (plus une étoile est brillante, plus sa magnitude apparente est faible), conformément à la classification décroissante d'Hipparque. Il existe même des astres à magnitude apparente négative, les plus brillants : le Soleil est de magnitude – 27, la pleine lune – 12, Vénus la planète la plus lumineuse – 4, et Sirius l'étoile la plus lumineuse vue de la Terre – 1,5.

Qu'est-ce qu'une constellation ?

C'est une notion entièrement créée par l'homme : observant la voûte étoilée, il a relié artificiellement certaines étoiles entre elles, formant ainsi un groupe. Les plus connues sont les douze constellations du zodiaque. D'autres sont aussi connues, car plus facilement observables comme la Grande Ourse ou Persée.

Le fameux W de Cassiopée illustre, parmi d'autres, le caractère artificiel de la notion. Car ses cinq étoiles, bien que paraissant former un W sur la voûte céleste, sont en fait à des distances fort différentes du système solaire : α Cassiopée est à 230 années-lumière, γ Cassiopée à 613 années-lumière, soit presque 2,5 fois plus loin. C'est donc un W en trois dimensions, très déformé, que bâtit ainsi cette « constellation ».

1. De la même manière que la magnitude peut s'écrire $m = -2{,}5 \log E/E_0$, où E est le flux lumineux, la mesure de bruit en décibels s'écrit $I = 10 \log W/W_0$, où W est le flux d'énergie acoustique.

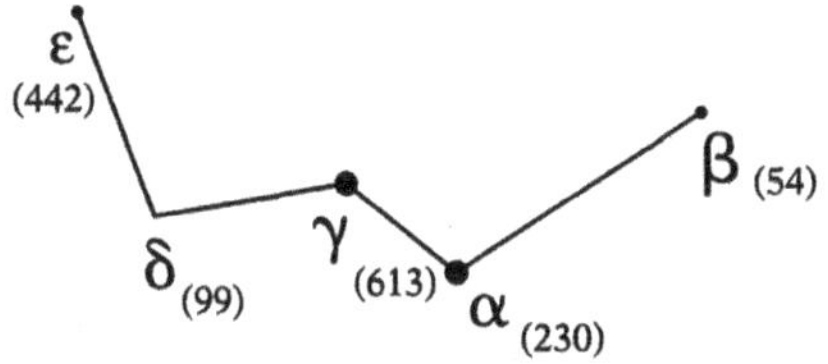

Figure 1 : La constellation de Cassiopée, avec ses cinq étoiles principales nommées d'après les cinq premières lettres de l'alphabet grec (les étoiles α et γ, plus brillantes, sont indiquées en plus gros ; entre parenthèses figure la distance au Soleil en années-lumière).

Cassiopée illustre aussi la variabilité de la luminosité intrinsèque des étoiles :

– α Cassiopée a une magnitude apparente de 2,24. On peut calculer, avec la formule de Pogson, sa luminosité comparée au Soleil (la magnitude apparente du Soleil est de – 26,7, sa distance à la Terre est de 8,3 minutes-lumière) :

$$\frac{L_\alpha}{L_S} = 10^{\frac{m_S - m_\alpha}{2,5}} \times \left(\frac{d_\alpha}{d_S}\right)^2 = 10^{\frac{-26,7-2,2}{2,5}} \times \frac{230 \times 365 \times 24 \times 60}{8,3} \approx 585$$

– le même calcul pour γ Cassiopée, de magnitude apparente égale à 2,15 et éloignée de 613 années-lumière, conduit à un rapport égal à 4 400 environ.

Ainsi, α Cassiopée a une luminosité environ 600 fois supérieure à celle du Soleil (en étant 42 fois plus grosse). Celle de γ Cassiopée est environ 4 400 fois supérieure à celle du Soleil : bien qu'étant 7 fois plus brillante que α Cassiopée, elle apparaît, compte tenu de sa distance, à peu près à la même magnitude vue de la Terre. L'analyse du W de Cassiopée montre le caractère artificiel et anthropocentrique de la notion de constellation : entre ses diverses étoiles, distances et luminosités intrinsèques sont en fait très différentes.

L'observation de Vénus

Même si elle est moins prisée sur le plan scientifique à présent, l'observation de cette planète reste fort intéressante pour l'amateur d'astronomie. Elle a par ailleurs joué un rôle important : c'est en observant ses phases dans sa lunette que Galilée les trouve incompatibles avec une rotation autour de la Terre.

Vénus est visible à un angle de 46° au maximum du Soleil et a par ailleurs une magnitude apparente de – 4 : elle est visible de jour avec des lunettes de protection solaire et un tube de vision. Selon ses phases, elle est visible à l'œil nu la nuit au maximum 3 heures avant le lever du Soleil ou après le coucher du Soleil. La bonne luminosité de la planète est notamment due à un fort albédo : sa couche nuageuse dense[1] réfléchit bien la lumière solaire et rend la planète particulièrement visible.

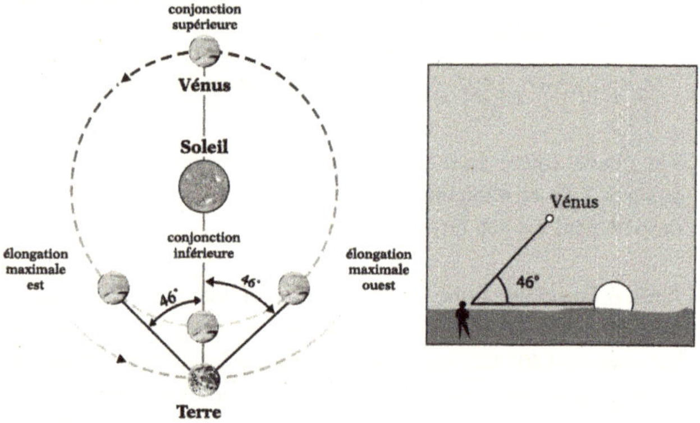

Figure 2 : Dans sa rotation autour du Soleil, la planète Vénus s'écarte au maximum d'un angle de 46° par rapport à l'axe Terre-Soleil (*figure de gauche*). L'observateur sur Terre retrouve cet angle dit d'élongation maximale, il ne peut voir Vénus à une distance angulaire du Soleil supérieure à 46° (*figure de droite*).

1. On a vu en chapitre 7 que la planète Vénus avait une atmosphère gazeuse très dense, avec une pression importante à la surface de la planète et un fort effet de serre.

L'étude des phases de Vénus comparée à celles de la Lune est intéressante, et Galilée en a déduit que la planète tournait autour du Soleil.

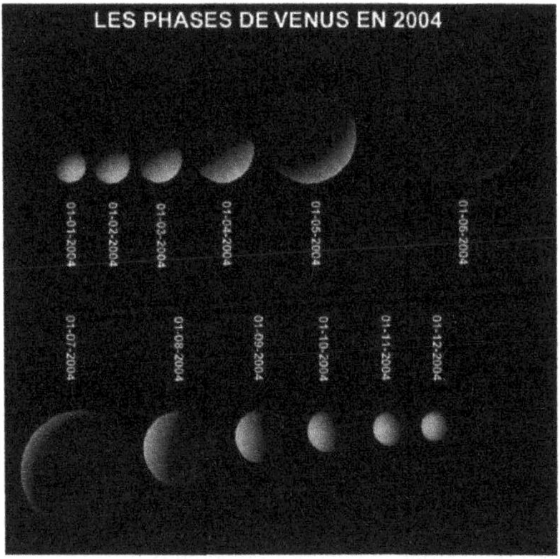

Figure 3 : Même si elles ne sont pas immédiatement apparentes, les différences avec les phases de la Lune sont sensibles : 1) La planète a des tailles différentes suivant ces phases, ce qui n'est pas le cas de la Lune, et traduit une distance à la Terre qui est variable, puisque Vénus n'est pas un satellite de la Terre. 2) Quoique de plus petite taille, la « pleine Vénus » est observée : la théorie géocentrique situait Vénus en permanence entre le Soleil et la Terre (Soleil et Vénus orbitant autour de la Terre), et ne pouvait expliquer la phase de la « pleine Vénus ».

Enfin, il arrive à Vénus de passer entre la Terre et le Soleil. Les distances respectives étant fort différentes, cela ne se traduit pas en éclipse, mais en passage de la planète tel un petit point visible dans la sphère solaire : c'est ce qu'on appelle « le transit de Vénus ». Comme pour les éclipses de Soleil par la Lune, ce phénomène n'a pas lieu à chaque « nouvelle Vénus », mais suivant un cycle lié à la légère inclinaison du plan de révolution de Vénus par rapport au plan de l'écliptique : il a lieu – toujours un 8 juin ou un 7 décembre – 2 fois en 8 ans tous les 113 ans puis tous les 130 ans (il a eu lieu en 1761 et 1769, puis en 1874 et 1882, en 2004, il aura lieu en 2012, puis par la suite en 2117 et 2125).

Observation des étoiles suivant la latitude

Comme on le sait, les étoiles visibles dans l'hémisphère Sud sont différentes de celles de l'hémisphère Nord : c'est globalement vrai, mais il n'y a évidemment pas rupture de continuité, le paysage céleste change petit à petit quand on descend en latitude. De même, à une latitude donnée, la « carte du ciel » varie avec les saisons puisque la Terre est tournée la nuit vers une partie du ciel différente[1].

Certaines constellations australes vues au-dessus de 40° de latitude sud (jusqu'au pôle Sud) ne sont pas visibles depuis nos latitudes tempérées dans l'hémisphère Nord, comme la fameuse Croix du Sud. La constellation du Centaure, qui contient l'étoile la plus proche du Soleil, *Alpha Centauri*, à 4,2 années-lumière est une constellation australe : l'étoile la plus proche de nous n'est pas visible sous nos latitudes. À la différence de leurs homologues boréales, la plupart des constellations australes n'ont été ni observées ni donc désignées pendant l'Antiquité : leur nom a été choisi par les grands navigateurs des mers du Sud en fonction de leurs instruments (constellation des Voiles, du Compas, du Télescope, etc.) ou de leurs découvertes de voyage (constellations du Paon, de l'Indien, du Toucan, etc.).

La voûte étoilée semble bouger avec la rotation de la Terre sur elle-même (figure 4 ci-dessous). Selon la latitude, certaines étoiles peuvent être circumpolaires, c'est-à-dire qu'elles ne disparaissent pas sous la ligne d'horizon : à l'équateur aucune étoile n'est circum-

1. Dans les civilisations antiques, la position de certaines étoiles dans le ciel avant l'aurore était un moyen de détermination des saisons utilisé en agriculture.

polaire, aux pôles toutes le sont. Aux autres latitudes, les étoiles indiquant le pôle, comme l'étoile Polaire dans l'hémisphère Nord (α de la Petite Ourse, à 430 années-lumière), sont circumpolaires : elles ne « se couchent pas », mais elles ne sont plus visibles lorsque le Soleil est levé, tout en restant présentes dans le ciel.

Figure 4 : Un appareil photo à longue pose pendant toute la nuit permet de visualiser le mouvement apparent des étoiles : ici, au-dessus d'un paysage de montagnes, on voit ce mouvement autour de l'étoile Polaire, qui reste fixe.

Une autre découverte de Magellan ?

Dans son voyage de 1519-1521 autour du monde, Magellan, le navigateur portugais au service du roi d'Espagne, découvre le détroit qui porte son nom au sud du continent américain. Le narrateur de son épopée (Magellan lui-même trouve la mort aux Philippines en avril 1521 pendant son tour du monde), Antonio Pigafetta[1], décrit ainsi les observations célestes faites par l'équipage :

« Le pôle Antarctique n'est point tant étoilé comme est l'Arctique. Car on y voit plusieurs étoiles petites congrégées ensemble, qui sont en guise de deux nues un peu séparées l'une de l'autre (...) au milieu desquelles sont deux étoiles non trop grandes ni moult reluisantes et qui petitement se meuvent. Et ces deux étoiles sont le pôle Antarctique. »

Tout est écrit dans ce texte de 1529. Le fait que les étoiles « petitement se meuvent » traduit le fait que les étoiles au droit des pôles terrestres ne semblent pas bouger sur la voûte céleste. Les « étoiles congrégées en deux nuées » représentent deux galaxies voisines de la Voie lactée, le Petit Nuage et le Grand Nuage dits « de Magellan », puisqu'elles ont été nommées ainsi à la suite de cette découverte. Elles apparaissent comme des nuées, à l'instar de la Voie lactée. Elles sont situées à environ 200 000 années-lumière de la Terre, et constituent les objets parmi les plus lointains qu'on puisse observer à l'œil nu depuis la Terre.

L'observation et la caractérisation des galaxies

Contrairement aux idées reçues, l'observation d'autres galaxies a commencé très tôt, on le voit avec l'exemple de Magellan en 1521 : c'est la conception de l'organisation de l'Univers sous forme de dif-

1. *Le Voyage de Magellan. La relation d'Antonio Pigafetta & autres témoignages* (1522), Éditions Chandeigne, Paris, 2007.

férentes galaxies, et la caractérisation de notre Voie lactée comme indépendante des autres, qui ne sont advenues que tardivement ; en 1920 avait encore lieu un débat entre astronomes sur la validité d'un modèle à plusieurs galaxies. Ce débat fut tranché dix ans plus tard par les premières observations de Hubble, sa mesure de la distance et de la vitesse de récession de 3 000 galaxies. Le terme « galaxie » reflète lui-même cette ambiguïté : venant du grec *galactos* (« lait »), il constitue une tautologie anthropocentrique par rapport à la Voie lactée elle-même. De nos jours, on pense qu'il existe plusieurs centaines de milliards de galaxies, « briques constitutives » de l'Univers qui sont autant de lieux de formation des étoiles.

Figure 5 : La célèbre photo de la nébuleuse de l'Aigle, « pouponnière d'étoiles », prise par le télescope spatial Hubble en 1995, avec peut-être une étoile en formation dans la nuée en haut du pilier de gauche. La nébuleuse de l'Aigle (M16 dans le catalogue de Messier) n'est pas une galaxie, elle fait partie de la nôtre, à 7 000 années-lumière (elle peut être visible la nuit avec des jumelles). Une plus petite « pouponnière », la nébuleuse d'Orion, à 1 500 années-lumière, est encore plus proche de notre système solaire.

Néanmoins, avant la théorie, l'astronomie observationnelle avait déjà recensé en 1774 (le catalogue Messier) une centaine d'objets, appelés *nébuleuses* à l'époque, comprenant un certain nombre de galaxies externes à la nôtre ; ainsi, M31[1] est la galaxie d'Andromède à 2,2 millions d'années-lumière, M33, plus petite, est la galaxie du Triangle à 2,8 millions d'années-lumière. Ce sont les deux galaxies observables à l'œil nu dans l'hémisphère Nord : une galaxie, comprenant des milliards d'étoiles, est très lumineuse malgré sa distance. Dans l'hémisphère Sud, comme indiqué ci-dessus, sont visibles les deux galaxies du Petit Nuage et du Grand Nuage de Magellan, qui sont dix fois plus proches (environ 200 000 années-lumière).

Enfin, il faut éviter de confondre des objets situés dans la même région du ciel, et pour cette raison portant un nom similaire, alors qu'ils ont en fait très différents : la constellation zodiacale de la Vierge, dont les plus lointaines étoiles sont à 500 années-lumière, est située dans notre galaxie, ce qui n'est pas le cas de l'amas de galaxies de la Vierge (*cf.* chapitre 18), située dans la même direction à 60 millions d'années-lumière.

---

1. On conserve la dénomination originelle de Mxx (M pour Messier) pour cette centaine d'objets catalogués en 1774 par Charles Messier (1730-1817) : le but de ce catalogage était à l'époque de ne pas confondre « nébuleuses » et comètes (toutes deux semblables à des nuées)... La nature et la distance à la Terre de ces deux types d'objets sont fort différentes, mais cela était loin d'être connu à l'époque.

CHAPITRE 12

L'astrométrie, mesure de la position des étoiles

L'astrométrie s'attache à définir la position des étoiles et leur distance. Mais son histoire n'a pas été un long fleuve tranquille. En sus de la précision toute relative des télescopes, ou des effets pervers de la réfraction atmosphérique sur l'observation, de nombreux phénomènes inattendus en ont jalonné les étapes :

— le caractère fini de la vitesse de la lumière (démontré en 1676), induisant le phénomène optique de l'aberration (mis en évidence en 1728) ;

— le mouvement de la Terre autour du Soleil, induisant le phénomène géométrique de la parallaxe (qui ne sera finalement observé qu'en 1838) ;

— la luminosité intrinsèque de chaque étoile et sa luminosité mesurée depuis la Terre (dite « luminosité apparente »), directement liée à son éloignement ; à luminosité apparente égale, on peut avoir une étoile brillante et lointaine, ou une étoile peu brillante et proche ;

— enfin, la découverte du mouvement propre des étoiles dans l'Univers, et notamment celui du Soleil, a un impact sur leur position.

Étoiles - puis galaxies - beaucoup plus nombreuses qu'on ne l'imaginait ; luminosité et distance nettement plus variables d'une étoile à l'autre qu'on ne le croyait ; vitesse finie de la lumière et translation de la Terre induisant des artefacts d'observation à corriger, une fois analysés ; mouvement intrinsèque des étoiles et des galaxies : on est loin de la « sphère des fixes » que se représentaient nos Anciens avec Aristote !

Les astres médicéens

En 1609, Galilée eut l'idée géniale de bâtir une lunette à des fins d'observation céleste et, en 1610, donne les premiers éléments expérimentaux venant à l'appui de la théorie héliocentrique de Copernic :

— il observe que la planète Vénus présente à l'observateur terrestre des phases, comme celles de la Lune, la succession de ces phases étant incompatible avec une rotation autour de la Terre ;

— il observe que la planète Jupiter possède des satellites, qu'il propose d'appeler « astres médicéens » en l'honneur de la famille Médicis ; ainsi, la Terre n'est pas la seule à avoir un satellite[1], et les « astres médicéens » ne tournent pas autour de la Terre.

L'observation de ces astres allait de nouveau jouer un rôle important quelques décennies plus tard. On a longtemps cru que la vitesse de la lumière était infinie. Salviati, observant l'éclair de la foudre, émet l'idée de son caractère fini : « Car si l'illumination était instantanée et non progressive, je ne crois pas qu'on pourrait distinguer son origine. » L'astronome danois Ole Römer (1644-1710) réussit à le prouver en 1676 à l'Observatoire de Paris en observant les éclipses des satellites de Jupiter, les « astres médicéens » découverts par Galilée soixante-six ans auparavant ; il calcule que la vitesse de la lumière est égale à 214 000 km/s, une approximation correcte à 30 % près pour une première mesure de cette vitesse !

La figure de droite s'explique comme suit :

— *À gauche*, la Terre s'éloigne de Jupiter : la première émersion d'éclipse (point S, ou sortie d'éclipse) du satellite est perçue en posi-

1. On connaît maintenant 2 satellites à Mars, 16 à Jupiter, 18 à Saturne et à Uranus, 8 à Neptune ; on ne connaît pas de satellite à Vénus, ni à Mercure.

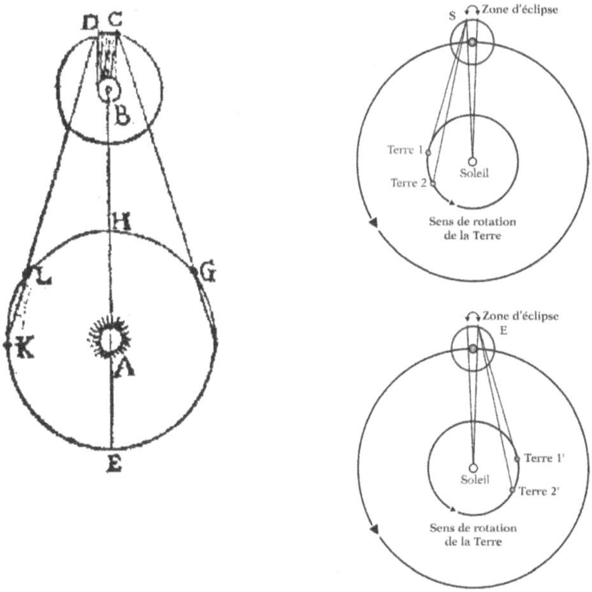

Figure 1 : *À gauche*, dessin de Römer dans le *Journal des savants de l'Académie des sciences*, décembre 1676. La période de révolution du satellite autour de Jupiter est très courte (42 heures et demie), ce qui donne la possibilité d'observer fréquemment ces éclipses.

tion Terre 1 ; environ 42 heures plus tard, lors de la sortie d'éclipse suivante, la Terre s'est éloignée en position Terre 2, et l'intervalle de temps entre les émersions a augmenté .

— *À droite*, la Terre se rapproche de Jupiter : la première immersion en éclipse (point E, ou entrée d'éclipse) du satellite est perçue en position Terre 1′ ; environ 42 heures plus tard, lors de l'entrée en éclipse suivante, la Terre s'est rapprochée en position Terre 2′, et l'intervalle entre les immersions a diminué.

Dans les deux cas, on vérifie que l'information met un temps de plus en plus long (resp. plus court) à nous arriver, ce qui confirme le caractère fini de la vitesse de la lumière.

L'aberration

Un demi-siècle après Römer, l'astronome anglais James Bradley (1693-1762) observe plusieurs étoiles pendant un an. Il met en évidence en 1728 le phénomène d'aberration des étoiles en faisant trois observations importantes :

— une étoile observée au télescope n'occupe pas sur la voûte céleste exactement la même position pendant toute l'année, sa trajectoire décrit en un an un petit cercle ou une ellipse ;

— le demi-grand axe de cette ellipse ou rayon de ce cercle est le même quelle que soit l'étoile dans une direction donnée, et vaut 20,5 secondes d'arc pour les étoiles situées au pôle écliptique (c'est-à-dire à la verticale du plan écliptique, comme γ du Dragon grâce à laquelle Bradley découvre le phénomène) ;

— le plan de l'ellipse ou du cercle est parallèle au plan de l'écliptique terrestre (plan de rotation de la Terre autour du Soleil).

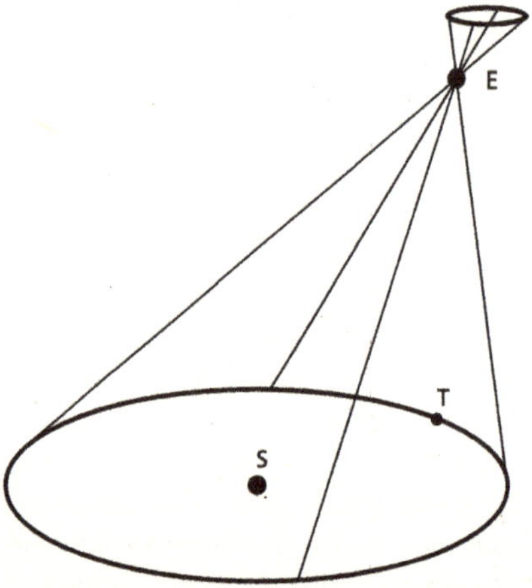

Figure 2 : Observation d'une étoile E au télescope sur une année. Le relevé de mesures, assimilable à une trajectoire apparente de E, est une ellipse décrite en un an sur la voûte céleste, alors que ce devrait être un point fixe.

Il s'agit d'une illusion d'optique qui n'est pas liée à l'étoile : l'ellipse est la projection sur la voûte céleste du mouvement de la Terre autour du Soleil ; ses données (plan, taille, trajectoire décrite sur un an) ne dépendent que de la Terre, elles traduisent l'angle dit « d'aberration » ψ tel que $tg\psi = V/c$, où V est la vitesse de la Terre autour du Soleil et c la vitesse de la lumière. La Terre tournant autour du Soleil à la vitesse de 30 km/s, on a $\psi = 20{,}5''$, ce qui correspond à la valeur angulaire mesurée par Bradley du demi-axe de l'ellipse, et ce quelle que soit l'étoile observée. L'aberration est une preuve expérimentale du fait que la Terre tourne autour du Soleil (héliocentrisme à vitesse V), et du caractère fini de la vitesse de la lumière.

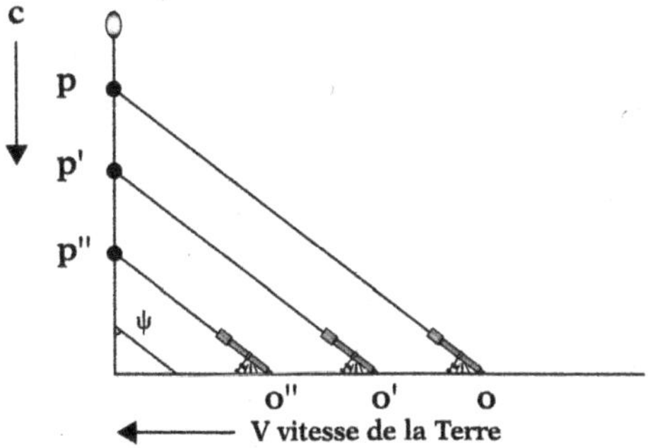

Figure 3 : La conception du phénomène d'aberration n'est pas aisée, plusieurs images peuvent être utilisées. Ci-dessus, l'observateur placé avec son télescope successivement en O, O' puis O'' (en fonction du mouvement de la Terre à vitesse V) observe un photon donné, donc le rayon stellaire, successivement dans les positions p, p' puis p'' (en fonction du mouvement du photon à la vitesse c) ; cela définit un angle d'observation (angle d'orientation du télescope) tel que $tg\ \psi = V/c$.
On peut aussi utiliser l'analogie du chasseur de Maupertuis : il doit viser en avant de l'oiseau, suivant un angle qui prend en compte et la vitesse de l'oiseau (comparable à la vitesse v), et la vitesse de sa balle (comparable à la vitesse c). On peut aussi utiliser l'image de l'aberration de la pluie : si vous êtes immobile sous votre parapluie, la pluie tombe verticalement et ne vous mouille pas ; si vous courez à la vitesse v, alors vous recevez toutes les gouttes suivant une direction oblique. Enfin, l'analogie utilisée par Bradley, à l'origine de sa découverte faite un jour de nautisme sur la Tamise, est celle du fanion d'un bateau : il n'est ni dans la direction du vent ni dans celle du bateau, mais dans la composée vectorielle des deux.

La parallaxe

Cet effet – très important en optique – existe dans la vie quotidienne bien qu'il soit mal connu : quand vous mesurez avec votre double décimètre, si votre œil n'est pas en face de la mesure, vous risquez de commettre une erreur, due à un effet de perspective ; quand vous pointez votre pouce devant vous, et que vous fermez alternativement un œil puis l'autre, la direction vers laquelle pointe votre pouce varie, selon que l'image se forme dans un œil ou dans l'autre, qui ne sont pas à la même position[1]. En astronomie, la parallaxe d'une étoile est l'angle sous lequel on voit depuis cette étoile le demi-axe de l'orbite que fait la Terre (T) autour du Soleil (S). La détermination de la parallaxe d'une étoile permet de connaître sa distance au Soleil : plus l'étoile est éloignée, plus l'angle de parallaxe est petit.

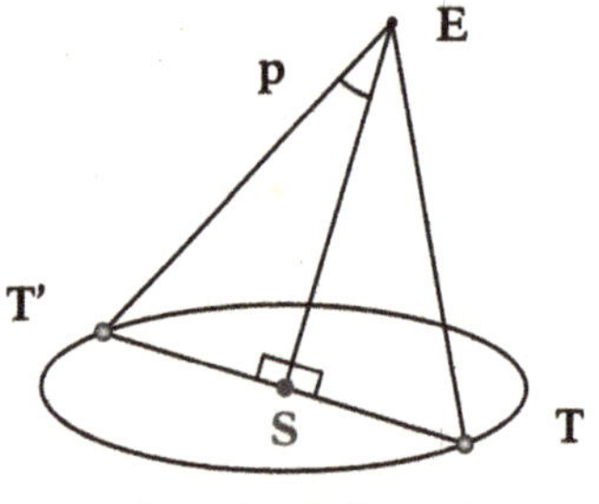

Figure 4 : Deux mesures sont prises à six mois d'intervalle, aux deux positions T et T' de la Terre telles que TST' est perpendiculaire à SE (il n'existe en général qu'une seule telle droite dans le plan de l'écliptique). Quand la Terre est en T, on mesure l'angle STE, puis en T' l'angle ST'E ; les angles TSE et T'SE étant droits, on en déduit l'angle de parallaxe p, et donc la distance de l'étoile E au Soleil en connaissant ST (distance Soleil-Terre).

1. Si vous mettez votre pouce presque devant votre nez, l'écart angulaire lorsque vous fermez un œil puis l'autre est plus important que si vous tendez le bras avec votre pouce pointé vers le haut. De la même manière, l'écart angulaire d'une étoile plus proche est plus important.

La parallaxe, qui est une preuve de la rotation de la Terre autour du Soleil, sera très difficile à mettre en évidence, au point d'être pendant deux siècles un élément à charge contre l'héliocentrisme. Alors que Galilée avait prédit son existence à l'appui de la théorie copernicienne, les astronomes ne réussissent pas à l'observer, les instruments de mesure de l'époque ne permettant pas de mesurer un si petit angle (même pour les étoiles les plus proches du système solaire, la parallaxe est déjà très faible, inférieure à 1 seconde d'arc) ; par ailleurs, ils croyaient, à tort, que les étoiles étaient beaucoup plus proches de nous qu'elles ne le sont réellement, et que, d'une étoile à une autre, les distances au Soleil n'étaient pas si variables que cela. On avait donc tendance à choisir n'importe quelle étoile pour en calculer la parallaxe. Ce ne sera qu'en 1838, plus de deux siècles après Galilée et trois après Copernic, que l'astronome allemand Bessel (1784-1846) réussit à mettre en évidence la parallaxe d'une étoile proche, 61 du Cygne, avec une valeur de 0,31 seconde d'arc, dont il déduit une distance au Soleil de 11,4 années-lumière. En 1915 fut découverte par la même méthode l'étoile la plus proche du système solaire, *Proxima Centauri* (constellation du Centaure), à 4,22 années-lumière. Le satellite Hipparcos (High Precision Parallax Collecting Satellite[1]) de l'Agence spatiale européenne – du nom de l'astronome Hipparque –, satellite d'astrométrie spatiale, a collecté de 1989 à 1993 par la méthode de la parallaxe la distance au Soleil d'environ 1 million d'étoiles situées à moins de 500 années-lumière : au-delà de cette distance, la parallaxe n'est pas détectable par nos instruments de mesure actuels.

1. Traduction : satellite de collecte à haute précision des parallaxes.

Démêler l'aberration de la parallaxe

La mise en évidence de la parallaxe a été un enjeu important de l'héliocentrisme. Cet effet géométrique est, comme on l'a vu, non seulement petit et donc difficilement décelable, mais en plus difficile à démêler de l'effet optique de l'aberration : ils se traduisent tous deux par la projection d'une ellipse sur la voûte étoilée, et l'aberration, plus importante, pouvait masquer la parallaxe. Pour différencier les deux effets, les astronomes ont toutefois rapidement remarqué que les ellipses d'aberration et de parallaxe sont décrites dans le même sens, mais que la première est en retard d'un quart de cercle tout au long de l'année par rapport à la seconde.

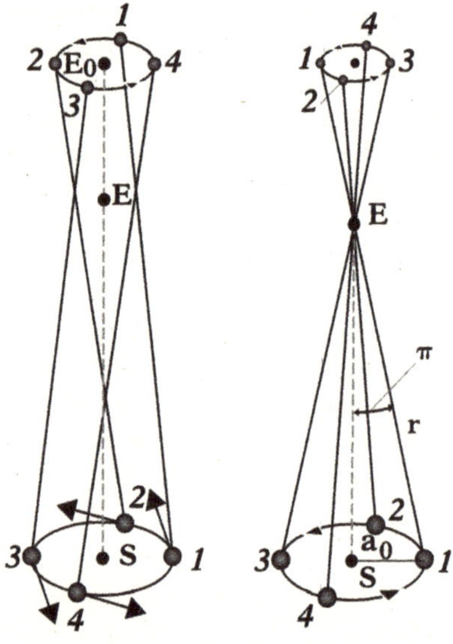

Figure 5 : *À droite*, l'effet géométrique de la parallaxe : l'image de l'étoile est projetée à 180° de la position de la Terre (1 en bas vers 1 en haut, etc.). *À gauche*, l'effet optique de l'aberration : l'image est projetée dans une direction correspondant au mouvement de la Terre, c'est-à-dire la tangente à l'orbite terrestre, en tout point perpendiculaire à l'axe Terre-Soleil : l'image de l'étoile est projetée dans cette direction, à 90° de la position de la Terre (1 en bas vers 1 en haut, etc.). Ainsi, les deux ellipses sont décrites en un an dans le même sens, mais celle de la parallaxe a 90° d'avance par rapport à celle de l'aberration[1].

Le mouvement propre des étoiles

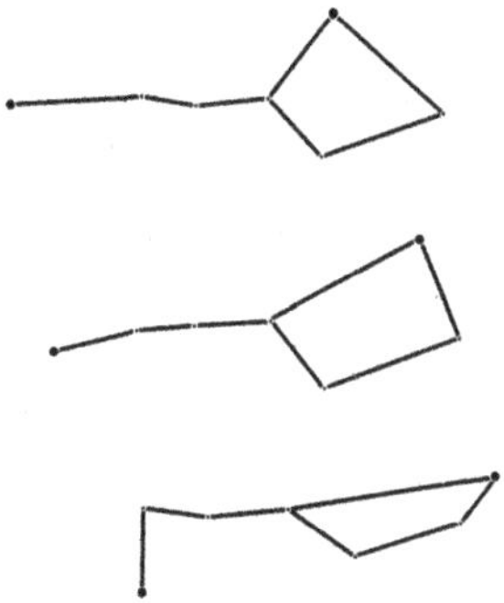

Figure 6 : Le mouvement propre des étoiles de la Grande Ourse change lentement la configuration de la constellation. Au centre, son aspect actuel ; en haut, telle qu'elle était il y a 100 000 ans ; en bas, telle qu'elle sera dans 100 000 ans.

L'astronome anglais Halley a découvert en 1718 ce mouvement propre en comparant la position d'étoiles connues, répertoriée 2 000 ans auparavant par Hipparque et Ptolémée, et en constatant un léger décalage avec ses propres observations. Il correspond au déplacement de l'étoile sur la voûte céleste, perpendiculairement à la ligne de visée[2]. La détermination du mouvement propre des étoiles

1. Je remercie Philippe Nassiet, professeur de sciences physiques, pour cette explication rarement trouvée dans les manuels ou les ouvrages.
2. De nos jours, on distingue le mouvement propre de l'étoile, déplacement perpendiculaire à la ligne de visée, et son mouvement radial, le long de la ligne de visée, mesuré par effet Doppler. La vitesse effective de l'étoile est la composition vectorielle des deux vitesses correspondantes.

est difficile à faire, d'autant qu'il est à corriger de celui du Soleil : on connaît de nos jours le mouvement propre de 300 000 étoiles, le plus important étant celui de l'étoile de Barnard, située à 6 années-lumière, qui se déplace d'un angle de 10,3 secondes d'arc par an (en 175 ans, elle se déplace sur la voûte céleste d'un angle équivalant au diamètre apparent de la Lune, soit 1 demi-degré angulaire).

Le Soleil lui-même a, de fait, comme toute étoile, un mouvement propre qui entraîne notre système solaire à une vitesse de 20 km/s vers la constellation d'Hercule. S'y ajoute un mouvement de rotation du Soleil autour du centre de la galaxie à laquelle il appartient, la Voie lactée : comme il est excentré au sein de cette galaxie, il tourne assez vite (à 220 km/s sur une période d'environ 220 millions d'années), subissant lui-même les forces de gravitation internes à la galaxie.

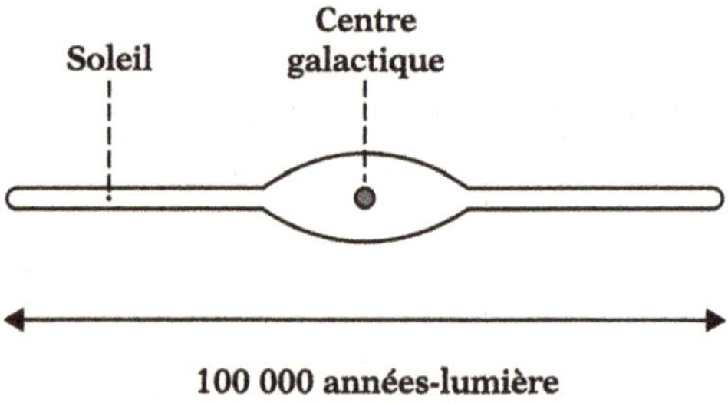

Figure 7 : Notre galaxie apparaît dans l'espace comme un fin nuage enflé en son centre, s'étendant sur 10^{18} kilomètres (100 000 années-lumière). Le Soleil, situé à 30 000 années-lumière du centre galactique, tourne autour de ce centre à 220 km/s.

CHAPITRE 13

Naissance de l'astrophysique

Si l'astrométrie a connu une riche histoire en deux mille ans – depuis l'astronome Hipparque jusqu'au satellite Hipparcos –, l'astrophysique, connaissance des propriétés physiques des étoiles et de l'Univers, n'a démarré que tardivement, vers la seconde moitié du XIXe siècle, le terme « astrophysique » n'apparaissant lui-même qu'à cette époque[1]. De nombreuses étapes jalonnent là aussi le développement de cette science, nous en retiendrons trois principales, correspondant à des découvertes de physique et de chimie de portée globale, non limitée à l'astronomie :

— la spectroscopie, appliquée à l'analyse de la lumière des étoiles, rend possible, à partir du milieu du XIXe siècle, la connaissance interne des étoiles (notamment du Soleil), c'est-à-dire de leurs éléments chimiques constitutifs ; l'hélium[2], très abondant dans l'Univers, est mis en évidence en 1868 par analyse spectrale de la lumière solaire ; il ne sera décelé sur Terre, où il est peu présent, que trente ans plus tard ;

— l'effet Doppler, découvert en 1842, va permettre une analyse non plus statique (quelles raies d'émission dans le spectre de

1. Henri Bouasse (1866-1955), physicien, utilise encore en 1920 le terme « astronomie physique ».
2. L'hélium (du grec *hélios,* le « Soleil ») est le deuxième élément le plus courant dans l'Univers (25 % en masse, après l'hydrogène, 74 %).

l'étoile ?) mais dynamique (quel décalage de ces raies en fonction du mouvement de l'étoile ?) du spectre des étoiles ; l'astronome Vesto Slipher (1875-1969) mesura le premier en 1917 des décalages de spectre des étoiles ;

— au début du XXe siècle, l'explication du rayonnement du corps noir (Planck 1900), qui donne naissance à la physique quantique, offre aussi un modèle d'explication de l'énergie et du rayonnement stellaires solidement vérifié depuis ; c'est l'origine de l'astrophysique moderne et de la cosmologie.

Le rayonnement du corps noir

L'interaction entre la matière et la lumière, sujet peu étudié par les physiciens jusqu'à la fin du XIXe siècle, fut à la source de la révolution quantique. C'est elle qui fait intervenir au niveau microscopique les échanges quantiques entre photons et électrons. Les deux sujets expérimentaux d'interaction matière-lumière étudiés à la fin du XIXe siècle furent :

— l'effet photoélectrique : un métal frappé par la lumière émet des électrons, la lumière agit sur la matière ;

— le rayonnement du corps noir : la matière chauffée émet de la lumière (fer rouge, flamme de gaz ou de bougie, incandescence de l'ampoule électrique, couleur rouge de la plaque de cuisson halogène).

Cette dernière interaction nous intéresse ici, car le rayonnement du corps noir est à l'origine de la lumière stellaire : les boules de gaz denses et chaudes que sont les étoiles émettent un rayonnement lumineux, comme le métal en fusion. Ce n'est qu'au début du XXe siècle (loi de Planck 1900) que le rayonnement du corps noir est modélisé par la courbe suivante :

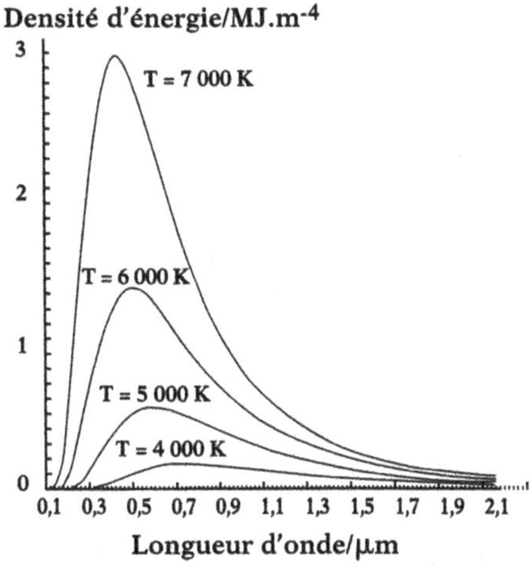

Figure 1 : Courbe de rayonnement thermique du corps noir. Le corps noir rayonne dans tout le spectre, avec un maximum d'intensité lumineuse qui varie avec la température : ce maximum se déplace vers les courtes longueurs d'onde (et donc les hautes fréquences et grandes énergies) au fur et à mesure que la température augmente. La formule de Planck donne, pour chaque température, la longueur d'onde du maximum d'intensité à λ_{max} = hc/4,965kT (*h* étant la constante de Planck et *k* celle de Boltzmann), soit une longueur d'onde (exprimée en micromètres) égale à 2 900/T. L'application de la formule à T = 5 800 K, température du Soleil, donne λ = 0,5 micromètre, soit un rayonnement dans le visible vert-jaune.

La courbe de rayonnement thermique du corps noir est la clef d'explication de nombreux phénomènes astrophysiques : le rayonnement du Soleil à 5 800 K, le rayonnement thermique de la Terre à 255 K (– 18 °C) (*cf.* chapitre 7), le rayonnement de fond diffus cosmologique à 2,736 K (*cf.* chapitre 18). Elle est aussi à la base d'autres phénomènes physiques, comme le rayonnement infrarouge du corps humain à 310 K (37 °C, avec un maximum à λ = 2 900/310, soit un peu moins de 10 micromètres), détecté par les caméras de vision infrarouge nocturne.

Analyse spectrale des étoiles

En 1814, l'Allemand Joseph von Fraunhofer (1787-1826), fondateur de la spectroscopie, observe que le spectre lumineux du Soleil comporte de fines raies noires. Ses compatriotes Gustav Kirchhoff (1824-1887) et Robert Bunsen (1811-1899) construisent en 1860 un spectroscope et remarquent qu'un gaz chaud émet des raies lumineuses caractéristiques[1].

L'explication de ces observations ne viendra qu'au début du XXe siècle, avec la mécanique quantique, le modèle de l'atome de Bohr et l'expérience de Franck et Hertz (1914) : l'électron ne peut se situer n'importe où dans l'atome, il y occupe des positions et des niveaux d'énergie bien déterminés (c'est la « quantification de la matière »). Le passage d'un électron d'une couche d'énergie E_{exc} à une couche d'énergie inférieure E_0, quand l'atome se désexcite, se traduit par l'*émission* d'un photon d'énergie égale à $\Delta E = E_{exc} - E_0$, et de longueur d'onde $\lambda = c/\upsilon = hc/\Delta E$ (en utilisant la formule de Planck $E = h\upsilon$). Inversement, un atome peut *absorber* un photon d'énergie ΔE, et l'un de ses électrons passe d'un état d'énergie E_0 à un état E_{exc}. Ces niveaux d'énergie ΔE sont caractéristiques de chaque atome et constituent la « signature » ou la « carte d'identité » d'un élément chimique donné.

On peut ainsi reconstituer le phénomène céleste observé en distinguant les divers types de spectres stellaires :

— le spectre émis par le cœur chaud et dense d'une étoile, comme le Soleil, est un rayonnement thermique de corps noir, caractérisé par un spectre continu dans toutes les longueurs d'onde, avec un maximum (*cf.* courbes de la figure 1) ;

— les gaz moins denses autour du cœur de l'étoile absorbent cette énergie stellaire suivant le processus décrit ci-dessus : il y a *absorption* de l'énergie lumineuse aux valeurs ΔE, les longueurs

1. G. Kirchhoff, R. Bunsen, « Analyse chimique fondée sur les observations du spectre », *Annales de chimie et de physique*, 3, LXII (1861) : on trouvera ce texte et son analyse sur le site http://bibnum.education.fr.

d'onde $hc/\Delta E$ vont donc manquer dans le spectre de l'étoile quand la lumière en sort, ce qui se traduit par des raies d'absorption ;

— la lumière reçue par l'observateur est la superposition des deux phénomènes : un spectre continu + des raies manquantes. C'est un spectre dit « d'absorption », qui caractérise les éléments chimiques présents autour du noyau stellaire et, dans une certaine mesure, l'étoile elle-même.

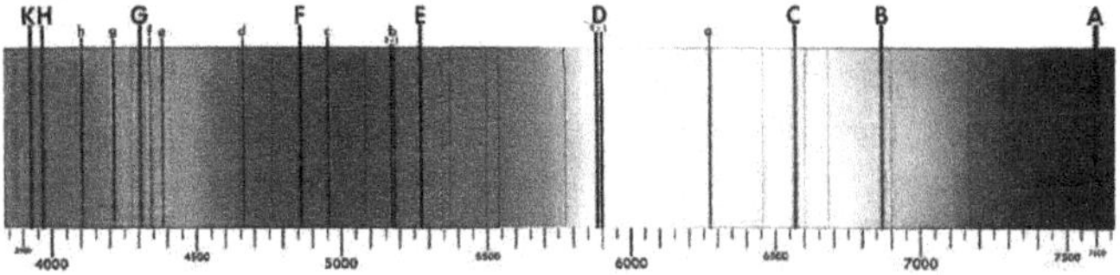

Figure 2 : Un exemple de spectre d'absorption, les raies de Fraunhofer du spectre solaire (pour la partie située entre 3 900 et 7 600 Å de longueur d'onde). Les raies H et K à gauche correspondent au calcium ionisé[1]. La raie A, à droite, est celle de l'oxygène. La raie D est celle du sodium, elle apparaît dans tous les spectres lumineux, y compris celui d'une flamme. Les raies C et F font partie des raies de l'hydrogène (série α dite de Balmer, saut de la couche 2 à la couche 3 pour la raie C, de la couche 2 à la couche 4 pour la raie F). On peut donner un exemple de calcul de saut quantique pour la raie C de l'hydrogène : le passage de la couche 2 à la couche 3 absorbe une énergie ΔE de 12,07 (couche 3) – 10,19 (couche 2), soit 1,88 eV ; la longueur d'onde de la raie d'absorption est $\lambda = hc/\Delta E = 6{,}626 \times 10^{-34} \times 3 \times 10^{8} / 1{,}88 \times 1{,}602 \times 10^{-19} = 6{,}6 \times 10^{-7}$ = 6 600 Å, ce qu'on vérifie sur le spectre ci-dessus.

*Décalage vers le rouge (*redshift*)*

Une source lumineuse en mouvement, comme une source sonore, subit un décalage de fréquence. C'est le même effet, du nom du physicien allemand Christian Doppler (1803-1853), que pour une source sonore – par exemple une ambulance : quand la source

1. On retrouvera les raies H et K dans les spectres analysés par Hubble en 1929 à l'appui de sa théorie de récession des galaxies (chapitre 18 sur le Big Bang, figure 1).

sonore se rapproche de nous, la fréquence est plus élevée, le son paraît plus aigu ; quand elle s'éloigne, la fréquence est plus faible, le son paraît plus grave.

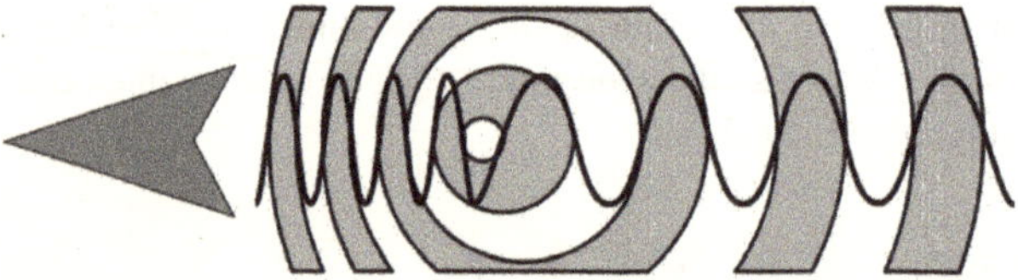

Figure 3 : Source lumineuse (resp. sonore), indiquée par un rond au centre, en déplacement vers la gauche : pour un observateur situé à gauche, la période diminue, la fréquence augmente, elle est décalée vers le bleu (resp. le son est plus aigu) ; pour un observateur situé à droite, la période augmente, la fréquence diminue, elle est décalée vers le rouge (resp. le son est plus grave).

L'effet Doppler[1], associé à l'analyse spectrale, sera d'une grande utilité pour mesurer les vitesses radiales des étoiles et des galaxies, c'est-à-dire leur vitesse dans le sens de la ligne de visée. Une étoile qui s'éloigne (cas le plus fréquent en astrophysique) va présenter un spectre où les raies d'absorption connues sont décalées vers de plus basses fréquences, donc de plus hautes longueurs d'onde, c'est-à-dire vers le rouge. On appelle *redshift* (« décalage vers le rouge », en français) la grandeur suivante :

$$z = \frac{\lambda_{obs} - \lambda_0}{\lambda_0}$$

(λ_{obs} étant la longueur d'onde mesurée de la raie du spectre de l'étoile, λ_0 étant la longueur d'onde caractéristique de la même raie

1. On utilise ce terme comme générique d'un certain nombre de phénomènes différents, à ne pas confondre, mais s'appuyant sur des principes voisins : 1) l'effet Doppler pour les ondes sonores ; 2) l'effet Doppler-Fizeau pour les ondes lumineuses ; 3) l'effet Doppler-Fizeau relativiste, identique au précédent, mais dont la formule est différente car s'appliquant aux objets se déplaçant à vitesse élevée ; 4) le décalage vers le rouge cosmologique, causé par l'expansion de l'Univers ; 5) enfin, le décalage vers le rouge gravitationnel, sensible quand un signal lumineux s'éloigne d'une masse gravitationnelle (troisième test de la relativité générale).

pour l'atome en question, mesurée au laboratoire – par exemple la longueur d'onde de la raie correspondante dans le spectre de la lumière solaire).

Pour de faibles vitesses v, non relativistes, on calcule la période du signal observé (figure 3, *à droite,* cas d'une étoile qui s'éloigne de nous) : celle-ci augmente puisque nous recevons les signaux à intervalles de temps plus grands $T_{obs} = T_0 + v/c\ T_0$, or $\lambda = c/f = cT$, donc $\lambda_{obs} = \lambda_0\ (1 + v/c)$, soit $z = v/c$.

Pour des objets éloignés, à grande vitesse v, la formule de l'effet Doppler-Fizeau relativiste intervient :

$$\lambda_{obs} = \lambda_0 \sqrt{\frac{1 + v/c}{1 - v/c}}\ ,\ \text{soit}\ 1 + z = \sqrt{\frac{1 + v/c}{1 - v/c}}\ ,$$

$$\text{et on déduit}\ v/c = \frac{(1+z)^2 - 1}{(1+z)^2 + 1}$$

La signification effective du décalage vers le rouge z prendra alors en compte l'expansion de l'Univers lui-même – on parle de décalage vers le rouge cosmologique (*cf.* chapitre 18).

CHAPITRE 14

Vie et mort des étoiles

La théorie du rayonnement du corps noir – qui explique comment la matière émet de la lumière – a rapidement trouvé une application pratique dans l'analyse de la luminosité des étoiles. Entre 1905 et 1913, deux astronomes, le Danois Ejnar Hertzsprung (1873-1967) et l'Américain Henry Russell (1877-1957) établissent le diagramme qui porte leur nom. Il lie la luminosité d'une étoile à sa température[1], cette dernière étant connue par la courbe du corps noir. Ils y portent un certain nombre d'étoiles, dressant ainsi une nouvelle carte du ciel après celle de l'astronome français Messier en 1774.

Un quart de siècle plus tard, en 1939, l'astronome germano-américain Hans Bethe (1906-2005), s'appuyant sur les avancées de la physique nucléaire entre 1932 et 1938, émet l'hypothèse que la fusion des noyaux pourrait expliquer l'énergie et la luminosité des étoiles. Certaines autres hypothèses, comme celle de leur contraction, ne pouvaient expliquer la durée de vie aussi longue des étoiles :

---

1. Plus précisément, il s'agit de la température des couches externes, puisque la température du cœur d'une étoile, encore plus grande, n'est pas accessible à la mesure. Mais, comme on l'a vu avec le spectre d'absorption de la lumière d'une étoile par ses couches externes, c'est bien cette partie de l'étoile qui est accessible à nos mesures, venant confirmer ou infirmer les théories physiques relatives au cœur des étoiles.

les premières réactions nucléaires – et l'importante énergie qu'elles dégageaient – devenaient une piste d'explication naturelle de l'énergie stellaire, par ailleurs conforme aux résultats expérimentaux.

La séquence principale

Le diagramme de Hertzsprung-Russell (1913) est une donnée importante de l'astrophysique. Nous allons le découvrir en plusieurs étapes, car c'est un diagramme dynamique : une étoile donnée se déplace au cours de sa vie sur ce diagramme, véritable biographie stellaire. La première étape est constituée par la « séquence principale », représentée ci-après.

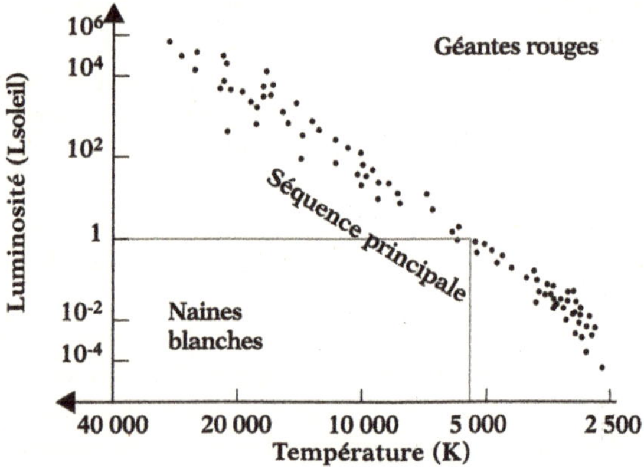

Figure 1 : Diagramme de Hertzprung-Russell (diagramme HR), séquence principale. Les abscisses mesurent de droite à gauche la température croissante de l'étoile, les ordonnées (en échelle logarithmique) sa luminosité absolue divisée par celle du Soleil. Celui-ci figure dans cette séquence principale, à l'ordonnée 1, et à l'abscisse 5 800 K. Les étoiles visibles se situent dans la plage de température 3 800-8000 K (*cf.* chapitre précédent, la courbe du corps noir nous indique que la lumière visible correspond à une température d'étoile comprise entre 3 800 et 8 000 K) : ainsi, les étoiles les moins chaudes et les moins lumineuses (à droite) émettent dans le rouge, les étoiles les plus chaudes et les plus lumineuses (à gauche) émettent dans le bleu-blanc.

Cette séquence principale se caractérise ainsi :

— la luminosité de l'étoile croît avec sa température : la pente de la figure indique que la luminosité est multipliée par 100 dès que la température est doublée ;

— 80 à 90 % des étoiles (dont le Soleil) y figurent, de leur naissance jusqu'à leur « fin de vie », où elles quittent la séquence principale : c'est l'étape suivante du diagramme, que nous examinerons plus loin (mort des étoiles) ;

— la seule réaction de fusion active sur cette séquence est celle de l'hydrogène en hélium ; les étoiles dans cette séquence, c'est-à-dire dans la plus grande partie de leur vie, « brûlent leur hydrogène » ;

— il existe un équilibre[1] à peu près stable entre les forces de gravitation qui sont implosives (car elles tendent à ramener les atomes vers le centre) et la pression thermique des gaz constitutifs qui est explosive (comme son nom l'indique, cette pression est d'autant plus grande que la température est élevée). La température provient des réactions de fusion thermonucléaire, car l'énergie qu'elles dégagent augmente l'énergie cinétique moyenne kT, donc la température des gaz ;

— cet équilibre implique que, plus la masse – et donc la gravitation – est importante, plus la fusion thermonucléaire est active : on verra ci-dessous que la luminosité est environ proportionnelle au cube de la masse ; les étoiles massives sont très lumineuses et consomment leur énergie beaucoup plus vite que les étoiles moins massives. On trouvera donc les étoiles les plus massives, les plus brillantes et les plus chaudes en haut à gauche de la séquence principale : elles ont une durée de vie plus courte que les autres.

---

1. On peut se représenter l'équilibre d'une étoile avec un ballon gonflé. La gravitation est l'enveloppe du ballon, qui y maintient le gaz confiné ; la pression thermique est celle qui tend le ballon, et a tendance à le faire exploser.

Durée de vie des étoiles suivant leur masse

Le diagramme HR indique que la luminosité est une fonction croissante de la température ; quelques années plus tard, en 1924, l'astronome anglais Arthur Eddington montre que la luminosité est une fonction croissante de la masse. Globalement, les trois paramètres masse, luminosité et température vont varier dans le même sens, à l'inverse de la durée de vie de l'étoile.

Relation masse-luminosité

Nous n'avons pas souhaité entrer dans les équations d'équilibre hydrostatique d'une étoile, mais nous en donnons quelques étapes sommaires conduisant à la relation masse-luminosité.

L'équilibre des énergies thermique et gravitationnelle peut s'écrire :

$\frac{kT}{m_p} = \frac{GM}{R}$, M étant la masse de l'étoile et m_p une masse molaire moyenne, on a donc

$$T \sim M/R$$

(le symbole ~ indique la proportionnalité)

La luminosité par unité de surface d'un corps noir est σT^4 (loi de Stefan, σ étant la constante de Stefan) ; mais la luminosité L de l'étoile elle-même, à sa surface externe, s'exprime comme $4\pi R^2 \times \sigma T^4 / (d \times R)$. Le dénominateur $(d \times R)$, où d est la densité moyenne de l'étoile, est la masse contenue dans un cylindre de section unité et de longueur R. Il mesure l'opacité effective de l'étoile au rayonnement lumineux venant de son cœur : plus il y a de matière $(d \times R)$ dans ce cylindre en coupe de l'étoile, moins le flux lumineux à la surface externe est fort, il se heurte à l'opacité propre de l'étoile.

$$L \sim T^4 R^2/(d \times R)$$

$$d = \text{densité} \sim M/R^3 \text{ (masse volumique)}$$

$$L \sim T^4 R^4/M$$

(or, d'après loi de l'équilibre ci-dessus) $T \sim M/R$

$$\text{donc } L \sim M^3$$

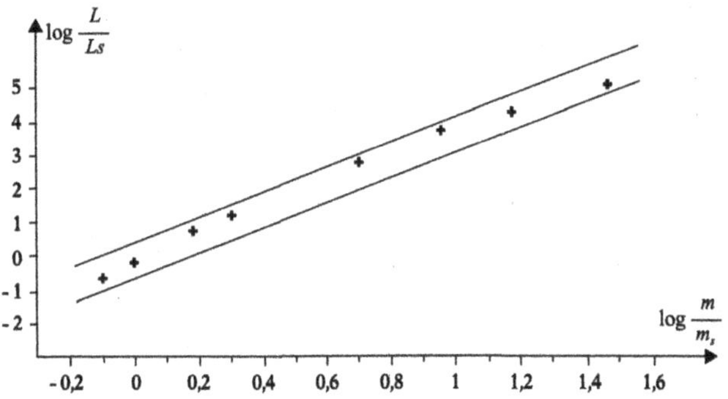

Figure 2 : Cette loi est bien vérifiée, comme le montre le graphique observationnel ci-dessus : une droite de pente voisine de 3 relie le logarithme de la luminosité et celui de la masse (toutes deux rapportées au Soleil). Les données observationnelles font varier cette pente entre 3 et 4, la valeur généralement retenue étant de l'ordre de 3,4.

Ainsi, plus une étoile est massive, plus elle rayonnera de manière intense, et moins longtemps elle vivra ; notre Soleil a une durée de vie de 10 milliards d'années ; une étoile 15 fois plus massive (en haut à gauche de la figure 1) aura une luminosité $15^{3,4}$, soit environ 10 000 fois plus grande, et vivra 10 000/15 = 666 fois moins longtemps, puisqu'elle aura consommé sa masse 15 fois plus grande de manière 10 000 fois plus lumineuse ; une étoile 3 fois moins massive que le Soleil aura une luminosité 40 fois plus faible et vivra 13 fois plus longtemps. Plus une étoile est massive, plus elle est lumineuse et chaude, et moins elle vit longtemps.

Données observationnelles sur le diagramme HR ; géantes rouges et naines blanches

On peut placer la plupart des étoiles sur la séquence principale, comme le montrent quelques exemples sur la figure ci-dessous. On trouve en haut et à gauche de la séquence les étoiles massives, rayonnant dans le bleu ; au milieu les étoiles de masse comparable au Soleil rayonnant dans le jaune, et en bas à droite des étoiles de faible masse, peu lumineuses donc peu visibles, rayonnant dans le rouge.

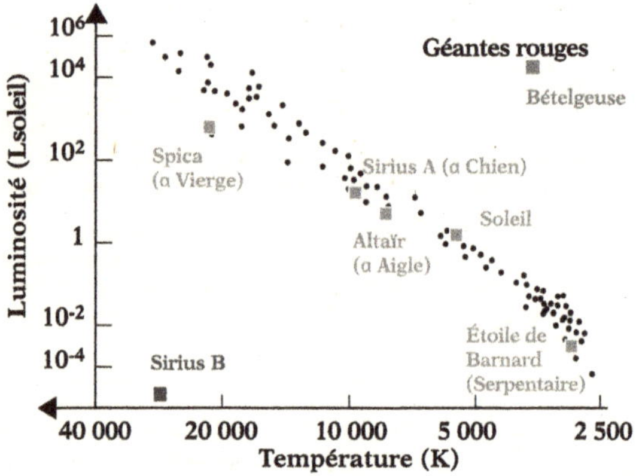

Figure 3 : Diagramme de Hertzprung-Russell, séquence principale. L'étoile Sirius A (α de la constellation du Chien, à 9 années-lumière du Soleil) est la plus brillante des étoiles visibles sur Terre (magnitude apparente de – 1,5). L'étoile de Barnard (constellation du Serpentaire) est celle qui a le mouvement propre le plus élevé (*cf.* chapitre 12).

On peut aussi observer des étoiles hors séquence principale : en haut à droite sont les « géantes rouges », en bas à gauche sont les « naines blanches ». On verra au chapitre suivant qu'elles correspondent à des étoiles en fin de vie, pour l'instant décrivons-en les données observationnelles. La plus connue des géantes rouges est Bételgeuse (étoile α de la constellation d'Orion). Elle a une température de surface de 3 600 K, elle rayonne donc dans le rouge : mais, à la différence d'une étoile rouge de la séquence principale comme l'étoile de Barnard qui a une masse égale à 0,17 M_s (masse solaire), elle a une masse beaucoup plus élevée que le Soleil (environ 15 M_s)

et rayonne avec une très forte luminosité ; très éloignée, à 430 années-lumière, elle émet environ 50 000 fois plus que le Soleil, ce qui en fait la neuvième étoile visible.

Toujours hors séquence principale, mais à l'exact opposé, on peut observer en bas à gauche les « naines blanches » : l'étoile Sirius B est découverte en 1862 près de Sirius A, les deux forment un système double ; alors que Sirius A est l'étoile la plus brillante vue de la Terre, Sirius B a une luminosité intrinsèque 10 à 100 000 fois inférieure à celles du Soleil ou de Sirius A, tout en ayant une température très élevée de 26 000 K (elle rayonne donc dans le blanc-bleu). De masse égale au Soleil mais de volume égal à la Terre (soit 1 million de fois moins que le Soleil), Sirius B est le résidu d'une étoile ayant cessé de brûler.

Les réactions de fusion à l'intérieur des étoiles

Compte tenu de la température et de la densité très élevées au sein des étoiles, les atomes y sont animés d'une grande énergie, leurs heurts violents provoquent des réactions de fusion.

Ces réactions appartiennent principalement à la chaîne proton-proton, ce sont les suivantes[1] :

$$p + p \rightarrow d + e^+ + \nu_e + 0{,}42 \text{ MeV} \qquad (1)$$

(transformation d'un proton en neutron, avec émission d'un positron e^+ et d'un neutrino ν_e)

$e^+ + e^- \rightarrow \gamma + 1{,}02$ MeV annihilation du positron avec un électron de l'hydrogène *(1 bis)*

$$d + p \rightarrow {}^3He + \gamma + 5{,}5 \text{ MeV} \qquad (2)$$

$$^3He + {}^3He \rightarrow {}^4He + p + p + \gamma + 12{,}8 \text{ MeV} \qquad (3)$$

1. Nous choisissons la notation p pour le proton (atome d'hydrogène sans neutron ${}^1_1H$), et d pour le deutérium, isotope de l'hydrogène (atome d'hydrogène avec un neutron ${}^2_1H$).

En combinant ces réactions[1], on obtient sous sa forme synthétique la réaction primordiale de fusion de l'hydrogène en hélium dans une étoile :

$$4\,{}^{1}_{1}\mathrm{H} \rightarrow {}^{4}_{2}\mathrm{He} + \gamma + 26{,}7\ \mathrm{Mev}$$

Le projet ITER, « le Soleil dans une bouteille » ?

La fission d'atomes lourds, comme l'uranium, en atomes plus légers, découverte en 1938, dégage une énergie nucléaire qui a rapidement été exploitée à des fins industrielles, militaires puis civiles.

La fusion d'atomes légers en atomes lourds, qui dégage elle aussi une forte énergie nucléaire, a été découverte à la même période, mais elle pose des problèmes d'industrialisation beaucoup plus importants. C'est une énergie plus « durable » que l'énergie de fission, pour deux raisons : elle ne fait pas appel à un minerai comme l'uranium qui constitue une ressource limitée, mais utilise le deutérium qu'on trouve à raison de 1 gramme par 300 litres d'eau de mer (on appelle « eau lourde » l'eau à forte concentration de deutérium, isotope lourd de l'hydrogène) ; et, surtout, elle ne produit pas les déchets radioactifs que sont les noyaux de fission.

C'est le but du projet mondial ITER (International Thermonuclear Experimental Reactor), réacteur expérimental qui fonctionnera à Cadarache (Bouches-du-Rhône) que de tester le processus industriel de l'énergie de fusion : s'agissant de réactions de fusion analogues[2] à celle ayant lieu dans le Soleil (ou dans toute autre étoile), ce projet a été surnommé « Sun in a bottle ».

---

1. La combinaison est la suivante : $4p \rightarrow 2d + 2e^{+} + 2\nu_{e}$, par ailleurs $2d + 2p \rightarrow 2\,{}^{3}He + \gamma \rightarrow {}^{4}He + 2p$; en reprenant la première équation, on a donc $4p + 2p \rightarrow 2d + 2p + 2e^{+} + 2\nu_{e} \rightarrow {}^{4}He + 2p$ (les deux e^{+} disparaissent suivant la réaction 1*bis*), soit en simplifiant $4p \rightarrow {}^{4}He$. L'énergie totale de la réaction combinée se calcule comme suit : 2 fois les réactions *(1) et (1bis)* + 2 fois la réaction *(2)* + 1 fois la réaction *(3)* = 2 × (0,42 + 1,02) + 2 × 5,5 + 12,8 = 26,68 MeV.
2. La réaction de fusion testée dans ITER est d (deutérium) + t (tritium) → He + neutron + énergie ; c'est une réaction qui n'est pas à l'œuvre dans les étoiles, et

La température nécessaire pour que se produise ce cycle de fusion d'hydrogène en hélium est de l'ordre de 10 millions de K : au fur et à mesure, les noyaux formés par fusion contenant plus de protons, ils fusionneront à une température plus élevée : une vitesse thermique de plus en plus élevée est nécessaire pour franchir la « barrière coulombienne », c'est-à-dire vaincre la répulsion électrostatique entre protons, de plus en plus forte à mesure que la taille des noyaux à fusionner augmente. Ainsi, le cycle de fusion suivant, celui de l'hélium en carbone, nécessite au sein de l'étoile une température 10 fois supérieure, 100 millions de K.

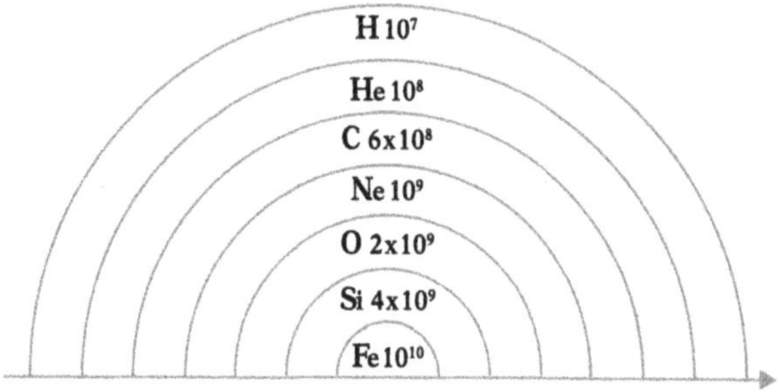

Figure 4 : On peut schématiser comme suit le cœur d'une étoile en fin de vie, après qu'elle a effectué tous les cycles de fusion qui lui étaient permis (par exemple une étoile massive ayant accompli ces cycles jusqu'à celui du fer). La température nécessaire à chaque cycle est supérieure à celle du précédent : 10^7 K (10 millions de degrés) pour la fusion de l'hydrogène, jusqu'à 4.10^9 pour la fusion du silicium. Le noyau de fer de l'étoile est à 10^{10} K (10 milliards de degrés), c'est là que les cycles de fusion s'arrêtent (*cf.* figure 3, chapitre suivant).

notamment dans la chaîne proton-proton rappelée ci-dessus. Aussi, l'appellation « Soleil dans une bouteille » est quelque peu abusive. Sur les raisons du choix de cette réaction de fusion par rapport à celles en œuvre dans les étoiles (notamment mise en jeu de la seule force d'interaction forte → la réaction de fusion (1) ci-dessus n'est pas à l'œuvre car elle fait intervenir la force d'interaction faible), voir Guy Laval, *L'Énergie bleue,* Odile Jacob, 2007, p. 127.

CHAPITRE 15

Vie et mort des étoiles (2)

Le processus dit de « fin de vie » des étoiles est à présent bien compris par la théorie, elle-même recoupée par l'observation. Il constitue l'un des épisodes les plus remarquables de l'évolution de l'Univers. Cette fin de vie va se dérouler différemment suivant la masse initiale de l'étoile : la plupart terminent en naines blanches (le cœur en naine blanche et les couches externes en géante rouge), les plus massives en étoile à neutrons, voire en trou noir. En effet, la masse est un élément déterminant de la poursuite des réactions de fusion : au moment où un premier cycle de fusion est terminé, l'étoile s'effondre sous l'effet de la gravitation et, si sa masse est suffisante, les conditions de température et de pression sont réunies pour le cycle de fusion suivant.

Fin de vie : démarrage des cycles de fusion au-delà de l'hélium

La fin de vie d'une étoile commence lorsqu'elle a transformé l'ensemble de son hydrogène en hélium : les forces de gravitation ne sont plus équilibrées par la pression thermique due aux réactions de fusion, elles lui deviennent supérieures et le cœur de l'étoile s'effondre sur lui-même. Cet effondrement se traduit par une très forte augmentation de la température et de la pression : les conditions sont alors réunies pour la reprise du cycle de fusion suivant. Cela est bien illustré par les phases ultérieures du diagramme de Hertzsprung-Russell, cette fois dans sa partie dynamique qui caractérise la mort stellaire :

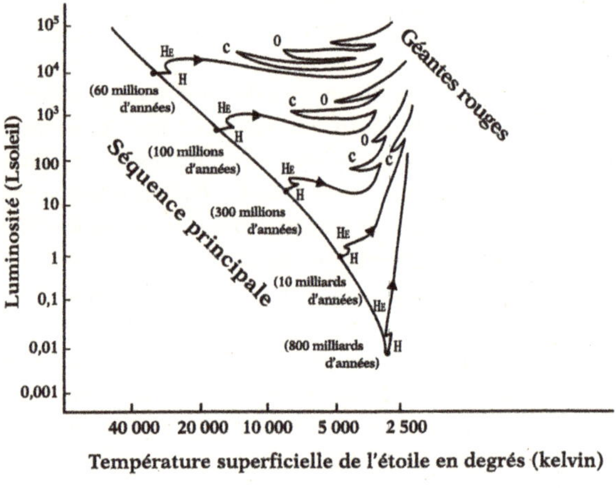

Figure 1 :
Détail des phases de fin de vie de différentes étoiles suivant leur masse : de 0,3 masse solaire (étoile en bas à droite du diagramme) à 30 masses solaires (étoile en haut à gauche du diagramme) ; entre parenthèses figure la durée de vie de l'étoile sur la séquence principale, les étoiles peu massives étant les plus durables (schéma d'après Agnès Acker, bibliographie [1]).

À titre d'exemple, les deux cycles de fusion suivant celui de l'hydrogène sont caractérisés par les réactions nucléaires ci-dessous :

$${}^{4}_{2}He + {}^{4}_{2}He \leftrightarrow {}^{8}_{4}Be + \gamma$$

$${}^{8}_{4}Be + {}^{4}_{2}He \leftrightarrow {}^{12}_{6}C + \gamma$$

(cycle de l'hélium vers le carbone)

$${}^{12}_{6}C + {}^{4}_{2}He \leftrightarrow {}^{16}_{8}O + \gamma$$

(cycle du carbone vers l'oxygène)

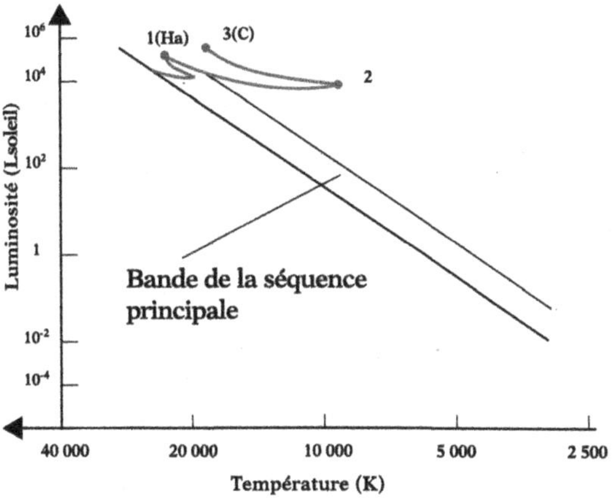

Détail de la figure 1, parcours de l'étoile la plus massive (30 masses solaires) :
- entre la droite et le point 1, l'étoile est dans la séquence principale et consomme son hydrogène ;
- au point 1 se termine le cycle de fusion de l'hydrogène vers l'hélium (d'où l'indication He) ;
- il n'y a plus de dégagement d'énergie de fusion → la température de l'étoile diminue jusqu'au point 2 (baisse de la température sur la courbe des abscisses) ;
- la force de gravitation reprend le dessus sur la pression thermique, liée à la température (qui a baissé) → l'étoile connaît un premier effondrement ; l'énergie gravitationnelle se transforme en chaleur, la température de l'étoile augmente jusqu'au point 3, et le cycle de fusion suivant peut commencer (cycle de l'hélium vers le carbone, d'où l'indication C).

Cette succession « cycle de fusion A – fin du cycle de fusion A par épuisement du combustible de fusion du cycle – refroidissement de l'étoile – prédominance de la gravitation par rapport à la pression thermique – effondrement gravitationnel et remontée en température du cœur de l'étoile – démarrage du cycle de fusion suivant B » va rythmer la fin de vie de l'étoile, avec plus ou moins d'étapes suivant sa masse, comme le montre la figure 1 pour les étoiles massives. De fait, la masse initiale joue un rôle fondamental dans la succession de ces événements, car la masse résiduelle après chaque implosion gravitationnelle doit être suffisante pour permettre d'atteindre la température nécessaire au déclenchement du cycle de fusion suivant. Comme le montre la relation masse-température (*cf.* figure 2 du chapitre précédent), seules les étoiles les plus massives pourront aller jusqu'au bout des cycles de fusion qui s'arrêtent au fer.

La durée de vie du Soleil

Le Soleil a une masse de 2×10^{27} tonnes, composée à 70 % d'hydrogène ; seuls 15 % de cet hydrogène, situé dans le noyau solaire, est utilisé à la combustion de fusion, ce qui donne une masse de 2×10^{26} tonnes de « combustible de fusion ».

Par ailleurs, le défaut de masse Δm de la réaction de fusion de H en He étant 7 ‰, soit une perte de 7 g par kg, cette réaction dégage une énergie intrinsèque par kg d'hydrogène égale à $\Delta E = \Delta m \times c^2$ de $6{,}3 \times 10^{14}$ J. Comme le Soleil a une puissance rayonnante (telle une ampoule électrique) de $P = 3{,}8 \times 10^{26}$ W, on en déduit qu'il consomme $P/\Delta E = 0{,}6 \times 10^{12}$ kg de H par seconde, soit 600 millions de tonnes par seconde.

La durée de vie du Soleil est donc $2 \times 10^{26}/6 \times 10^{8} = 1/3 \times 10^{18}$ secondes, soit 10^{10} années, c'est-à-dire 10 milliards d'années.

Le processus de mort d'une étoile suivant sa masse

On distingue *a minima* deux types de morts d'étoile, suivant que la masse initiale est inférieure ou supérieure à 8 masses solaires.

Une étoile de masse inférieure à 8 masses solaires voit ses cycles de fusion s'arrêter avant le fer. Elle évolue alors, avec un cœur devenu inerte, vers une étoile de type géante rouge (de volume 300 fois plus grand), en haut à droite du diagramme HR. Puis le cœur de l'étoile se contracte pour donner une naine blanche, de la taille de la Terre, en bas et à gauche du diagramme HR. Cette fin de vie est beaucoup plus courte que la vie elle-même : pour le Soleil, on estime à 100 000 années la durée que prendra cette phase, après les 10 milliards d'années de sa vie sur la séquence principale.

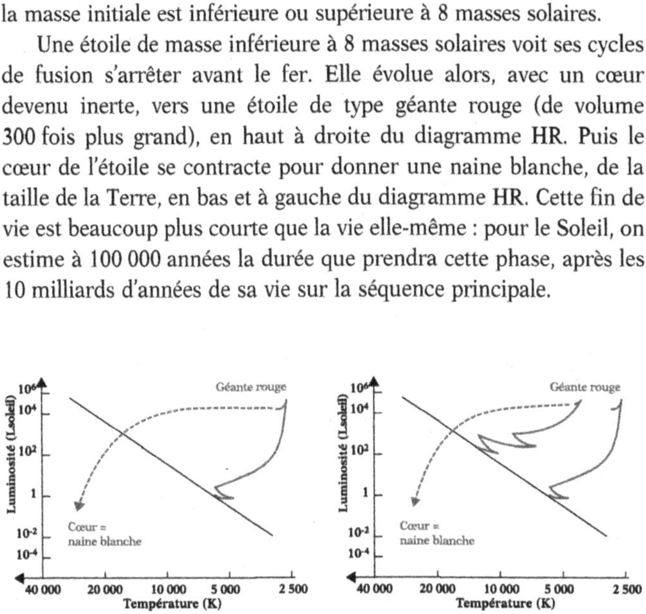

Figure 2 : *À gauche*, mort du Soleil : le cycle de combustion de H en He correspond à la séquence principale, c'est la majeure partie de la vie de l'étoile. Quand l'hydrogène sera épuisé, la fin de vie commencera, le Soleil refroidira de 5 700 K à 3 000 K, sa taille augmentera jusqu'à 300 rayons solaires (il englobera l'orbite terrestre). Il sera devenu une géante rouge, puis son cœur se contractera en une naine blanche (ligne pointillée).
À droite, en complément, même processus pour une étoile plus massive mais restant dans cette même catégorie (masse inférieure à 8 masses solaires) : après le premier refroidissement, la masse descend à environ 1,5 masse solaire, un autre cycle de fusion s'engage, puis l'étoile termine de la même manière : géante rouge, puis naine blanche pour le cœur.

Les étoiles de masse supérieure à 8 masses solaires (M_s) ont une fin de vie différente : leur masse résiduelle à chaque contraction gravitationnelle leur permet d'accomplir tous les cycles de fusion jusqu'au fer (Fe) stable et solide. On sait en effet que les processus de fusion s'arrêtent dans cette vallée de stabilité.

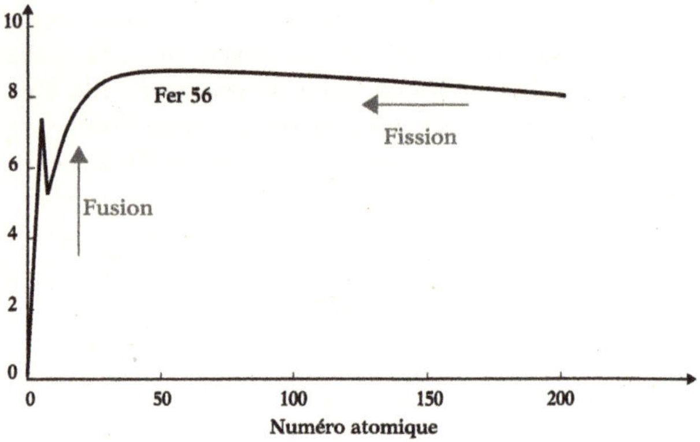

Figure 3 : Le fer est l'atome le plus stable des éléments chimiques. Les éléments plus lourds (comme l'uranium) sont sujets aux réactions de fission, les éléments plus légers (comme les éléments constitutifs des étoiles) sont sujets aux réactions de fusion. Les réactions de fusion au-delà du fer consomment de l'énergie et ne peuvent se produire : la « vallée de stabilité » du fer marque la fin des réactions de fusion.

La contraction gravitationnelle du noyau de fer de l'étoile sur lui-même constitue un point singulier : l'énergie de fusion ne peut reprendre le dessus, aucun cycle de fusion n'est à même de contrebalancer l'effondrement gravitationnel et l'élévation de température (jusqu'à 10 milliards de degrés, *cf.* figure 4 du chapitre précédent). Ce dernier effondrement du cœur, qui ne peut être relayé par aucun cycle de fusion, est une implosion, qui se poursuit jusqu'à ce qu'on atteigne des densités nucléaires (tous les noyaux sont les uns contre les autres) : la compression de la matière nucléaire se poursuit jusqu'à un point de rebond antagoniste des forces nucléaires, qui engendre en retour une puissante onde de choc emportant l'ensemble des couches périphériques de l'étoile, les gaz stellaires étant projetés par une très forte explosion. On donne le nom de « supernova » à ces phénomènes d'explosion d'étoiles massives ayant accompli la fusion jusqu'au fer. D'autre part, la contraction du cœur écrase les protons et les électrons les uns contre les autres, ce qui produit des neutrons suivant la réaction $p + e^- \rightarrow n + \nu_e$ (neutron + neutrino) : c'est pourquoi on donne le nom d'*étoile à neutrons* au cœur de ces étoiles massives après leur implosion finale à la suite de l'ensemble des cycles de fusion.

Mort des étoiles massives : étoiles à neutrons, trous noirs

Ce processus de mort d'une étoile massive, avec enchaînement des cycles de fusion successifs jusqu'à celui du fer, se termine donc la plupart du temps en étoile à neutrons. Le cœur de l'étoile est de très haute densité : ainsi, une étoile à neutrons de masse 2,2 M_s aura un rayon d'environ 9 kilomètres, comme celui de la ville de Paris !

Mais, pour les étoiles encore plus massives, un autre phénomène va se produire, celui du trou noir[1]. Il s'agit d'un corps si dense que la lumière ne peut s'en échapper : l'astre est tellement « gravitationnel » que la vitesse de libération[2] est supérieure à celle de la lumière : $v_L = \sqrt{2GM/R} > c$. On appelle rayon de Schwarzschild d'un corps de masse M la grandeur $R_s = 2GM/c^2$; si un corps de masse M a un rayon inférieur à son rayon de Schwarzschild, alors c'est un trou noir. Les étoiles à neutrons ont un rayon effectif qui

1. Nous décrirons dans le chapitre suivant ces deux notions de trou noir et d'étoile à neutrons (notamment son signal, le pulsar) : pour l'instant, nous les caractérisons comme résidus de la mort d'étoiles massives.
2. Nous avons déjà rencontré en chapitre 7 la notion de vitesse de libération, à propos de la capacité d'une planète à retenir son atmosphère.

s'approche par le haut de leur rayon de Schwarzschild : l'étoile à neutrons citée en début de paragraphe a un rayon de 9 kilomètres, à peine supérieur à son rayon de Schwarzschild de 6,6 kilomètres[1] – c'est « presque » un trou noir. Mais, pour des étoiles encore plus massives à l'origine, l'effondrement du noyau de fer peut donner un corps d'une telle densité que son rayon est inférieur à son rayon de Schwarzschild, ce qui en fait un trou noir.

Finalement, le comportement différent des étoiles suivant leur masse – que ce soit pendant leur vie sur la séquence principale (chapitre précédent) ou leur fin de vie – peut être résumé dans le tableau suivant :

Masse initiale M de l'étoile	0,1 Ms < M < 8 Ms	**8 M_s < M < 25 M_s**	**25 M_s < M**
Vie sur séquence principale			
Luminosité intrinsèque	0,01 à 500 fois celle du Soleil	500 à 10 000 fois celle du Soleil	Plus de 10 000 fois plus lumineuse que le Soleil
Température	3 000 à 12 000 K (de rouge à bleu)	~ 15 000 K (bleu-blanc)	~ 22 000 à 30 000 K (bleu-blanc)
Durée de vie (années)	200 millions (les plus lourdes) à 800 milliards (les plus légères)	~ 20 à 50 millions	~ 10 millions

1. La notion rayon de Schwarzschild/rayon effectif est d'un maniement intéressant. On peut écrire que R_s (exprimé en km) = 3M (exprimé en masses solaires M_s) : $R_s = 2GM/c^2 = M \times 2 \times 6{,}67.10^{-11}/(3 \times 10^8)^2$; si l'on exprime M en M_s, le calcul devient $R_s = 2 \times 10^{30} \times 2 \times 6{,}67 \times 10^{-11}/(3 \times 10^8)^2 = 2{,}96 \times 10^3$ (mètres), soit la relation simple R_s (exprimé en km) = 3M (exprimé en M_s). Ainsi, une étoile à neutrons de masse 2,2 M_s a un rayon de Schwarzschild de 6,6 kilomètres, son rayon effectif est à peine supérieur, c'est « presque » un trou noir.

Masse initiale M de l'étoile	0,1 Ms < M < 8 Ms	**$8\ M_s < M < 25\ M_s$**	**$25\ M_s < M$**
Processus de fin de vie			
Jusqu'à quel stade vont les réactions de fusion ?	Hélium ou Carbone – Oxygène	Fer	Fer
Après effondrement devient un cœur de masse M' tel que	$M' < 1,4\ M_s$	$1,4\ M_s < M' < 3\ M_s$	$3\ M_s < M'$
Évolution globale	Géante rouge puis Nébuleuse planétaire	Géante rouge puis explosion de type Supernova	Géante rouge puis explosion de type Supernova
Évolution du cœur	Naine blanche	Étoile à neutrons	Trou noir

Observation de résidus d'étoiles : supernovae, naines blanches

Qu'a-t-on déjà observé de la mort des étoiles ? Le phénomène de supernova[1], tout à fait remarquable, a été fréquemment observé depuis cinquante ans hors de notre galaxie. Au sein de la Voie lactée, on a pu reconstituer plusieurs explosions de supernovae.

Au début de notre ère (4 avant J.-C.), une supernova serait apparue dans la constellation des Poissons, et pourrait correspondre à l'étoile brillante guidant les Rois mages décrite dans l'Évangile.

1. On distingue deux types de supernovae : les explosions d'étoiles massives en fin de vie (décrites ici) sont des supernovae de type II ; les novae et supernovae de type I sont elles aussi des phénomènes explosifs, d'origine différente : une naine blanche (donc un résidu d'étoile déjà morte) située en étoile double attire son compagnon (étoile encore « vivante »), l'ensemble franchit la masse limite des phénomènes explosifs, et celui-ci se produit. Parmi les observations décrites dans notre galaxie ci-après, seules les supernovae de 1054 et de 1987 sont de type II (fin de vie d'une étoile massive).

La supernova du Crabe a été observée par les astronomes chinois pendant deux ans à partir de juin 1054 : distante de 7 000 années-lumière et très brillante, elle était même visible en plein jour, comme un Soleil, pendant trois semaines ! Elle correspondrait à ce qu'on observe aujourd'hui comme la « nébuleuse du Crabe », décrite en 1731 (elle porte le premier numéro, M_1, dans le catalogue de Messier) ; on détecte aussi le rayonnement radio, dit Taurus A, d'une étoile à neutrons au sein de cette nébuleuse : cette conjonction en un même lieu de l'espace d'une étoile à neutrons et d'une supernova tend à confirmer le fait que ces deux phénomènes ont pour cause la mort d'une étoile.

Aux débuts de l'astronomie en Europe, deux supernovae ont été successivement observées, par Tycho Brahe en novembre 1572 (elle est restée visible à l'œil nu pendant un an et demi) et par Kepler en octobre 1604[1]. La première a constitué un ébranlement de la théorie aristotélicienne de l'immuabilité du ciel qui allait aboutir à la révolution copernicienne : la « sphère des fixes » n'était pas immuable, puisqu'un nouvel objet pouvait y être observé. La supernova de 1604 est la dernière supernova de notre galaxie à avoir été observée.

Le 23 février 1987, dans la galaxie voisine, le Grand Nuage de Magellan, à une distance de 150 000 années-lumière, a été observée une supernova, restée visible plusieurs mois à l'œil nu. Ce phénomène était particulièrement intéressant, car, compte tenu de sa proximité, on a pu identifier avec certitude, sur des clichés antérieurs, l'étoile massive (nommée Sanduleak, de masse égale à 20 fois celle du Soleil) qui avait explosé en supernova[2].

On évalue qu'une galaxie comme la nôtre voit se produire une supernova tous les quatre cents ans en moyenne. On pense que

1. C'est d'après le titre donné par Kepler à son recueil d'observations de ce phénomène, *De Stella Nova* (À propos de la nouvelle étoile), que seront donnés les noms de *nova* et *supernova*.

2. Par ailleurs, au moment de l'explosion, on a pu détecter 19 neutrinos en 13 secondes dans divers récepteurs terrestres souterrains (au Japon et à Cleveland), ce qui a permis d'estimer qu'avaient été produits 10^{58} neutrinos par la réaction constitutive de l'étoile à neutrons $p + e^- \rightarrow n + \nu_e$.

l'explosion d'une supernova à une distance inférieure à 4 années-lumière du système solaire annihilerait toute vie sur Terre[1] : cet événement a pu se produire depuis que le Soleil existe.

L'observation de naines blanches, autre résidu de la mort des étoiles, est, elle, plus difficile puisque l'éclat est bien plus faible que les supernovae. On peut cependant aisément les caractériser, car elles constituent sur le diagramme HR un groupe bien identifiable, largement en dehors de la séquence principale. Environ 2 500 naines blanches proches ont été observées, dont Sirius B. On a pu ainsi corréler la masse de la naine blanche (M_f masse finale après mort de l'étoile) et la masse de l'étoile d'origine M_i :

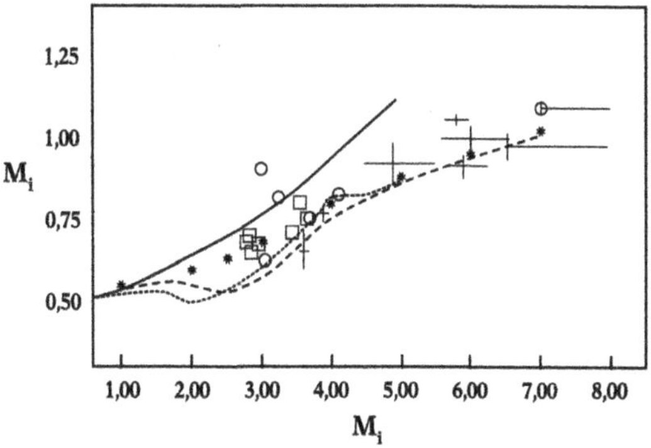

Figure 4 : (extraite de Claver *et al.*, « The masses of white dwarfs in the Praesepe open cluster », *The Astrophysical Journal*, 20 décembre 2001, cité dans la bibliographie [1]). Le rapport masse finale de l'étoile (M_f, en ordonnée) et masse initiale (M_i, en abscisse) n'a bien évidemment jamais pu être observé ; mais les masses M_i ont pu être reconstituées dans des amas d'étoiles bien connus et observés de longue date comme les Hyades et les Pléiades. On remarque une bonne corrélation entre M_f et M_i pour les étoiles comprises entre 1 et 8 masses solaires, symbolisée par une droite de pente M_f / M_i environ 0,153. Cela confirme les données du tableau précédent.

1. André Brahic, bibliographie [3].

Parmi les étoiles les plus légères, une catégorie particulière est à signaler, celles qui sont de masse inférieure à 0,5 M_s. En effet, leur durée de vie est supérieure à l'âge connu de l'Univers : normalement, aucune d'entre elles n'est morte à ce jour ! On suppose que, comme les étoiles plus massives de la même catégorie, elles terminent en naines blanches, mais on n'a pas encore pu l'observer.

Par ailleurs, on appelle « naines brunes » les étoiles de masse inférieure à 0,1 masse solaire : ce sont des étoiles à peine formées, mort-nées, pourrait-on dire : le cycle proton-proton ne va pas jusqu'à l'hélium, il s'arrête à la première réaction de formation du deutérium[1]. En dessous de 0,01 masse solaire, aucune réaction de fusion ne s'engage, seule la gravitation est en jeu : il n'y pas de processus stellaire, se forme un corps de type planète gazeuse (comme a pu être formé Jupiter, de masse 1 000 fois inférieure au Soleil). Inversement, au-delà de 40 masses solaires, la pression thermique est largement prédominante vis-à-vis de la gravitation, l'étoile ne peut se former.

L'origine des éléments chimiques

La vie et la mort des étoiles nous permettent d'expliquer la provenance des éléments chimiques dans l'Univers : c'est ce qu'on appelle la « nucléosynthèse », c'est-à-dire le mécanisme de formation des noyaux, eux-mêmes caractéristiques des éléments chimiques de la table de Mendeleïev. On distingue trois processus de fabrication d'éléments chimiques dans l'Univers :

— la *nucléosynthèse primordiale* (ainsi nommée parce qu'elle a lieu à l'origine de l'Univers), qui donne naissance aux deux premiers éléments, l'hydrogène et l'hélium[2], avant toute accrétion sous forme d'étoile : nous le détaillerons dans le chapitre 19 consacré au Big Bang ;

---

1. Équation $p + p \rightarrow d + e^{+} + \nu_e$, *cf.* chapitre précédent.
2. Elle donne aussi naissance à d'autres éléments légers comme le lithium, le béryllium et le bore, en quantités infinitésimales. Nous n'en discuterons pas ici, mais l'analyse de la formation de lithium fait aussi partie des éléments validant la théorie de l'explosion primordiale.

— la *nucléosynthèse stellaire* est celle que nous venons de décrire au sein des étoiles, elle produit les éléments jusqu'au fer inclus (numéro atomique jusqu'à Fe_{56}) : c'est elle qui explique l'origine de ces éléments ;

— la *nucléosynthèse explosive* accompagne l'explosion des étoiles massives en supernova : des neutrons rapides issus du cœur sont captés en un temps très bref par les éléments chimiques stellaires, ce qui conduit à la formation des éléments de numéro atomique au-delà du fer par le type de réaction suivant :

$$^{n+p}_{p}X + n \rightarrow {}^{n+p+1}_{p}X + \gamma \xrightarrow{\text{radioactivité } \beta} {}^{n+p+1}_{p+1}Y + e^{-} + \bar{\nu}_e \,.$$

C'est cette nucléosynthèse résultant de la mort d'étoiles qui explique l'existence des éléments de numéro atomique supérieur au fer (en très faible quantité par rapport à l'hydrogène et à l'hélium largement dominants dans le cosmos).

CHAPITRE 16

Pulsars, quasars

Les années 1960 apportent, suite à la conquête de l'espace commencée en 1957, une moisson d'observations, en particulier la découverte de corps célestes totalement nouveaux :

— les pulsars, signaux des étoiles à neutrons, dont la détection vient étayer les considérations jusqu'alors théoriques sur la mort des étoiles ;

— les trous noirs pourraient eux aussi étayer ces considérations : mais, s'agissant d'objets non directement observables puisque aucun signal n'en sort, on ne connaît pour l'instant que des « candidats trous noirs » déduits d'autres observations ;

— les quasars ne sont pas, eux, des objets célestes résultant de l'évolution d'une étoile, mais sont à ce jour parmi les objets les plus lointains, les plus anciens et les plus brillants observés dans l'Univers.

Ces trois types d'objets confirment par ailleurs, chacun à leur manière, la relativité générale, qui s'affirme ainsi comme la « boîte à outils » de l'astrophysique. On peut résumer dans le tableau suivant certaines caractéristiques de ces objets.

	Étoile à neutrons	Trou noir	Quasar
Origine	Fin de vie d'une étoile massive (entre 8 et 25 masses solaires)	Fin de vie d'une étoile très massive (au-dessus de 25 masses solaires)	Corps brillants dont certains sont formés dans les débuts de l'Univers
Premières observations	PSR B1919+21 (1967)	Cygnus X-1 (1965-1971)	3C273 (1963)
Distance typique	Peut être proche, à partir de 500 années-lumière	Peut être proche, à partir de 3 000 années-lumière	1 à 13 milliards d'années-lumière
Lien avec la relativité générale	Effet des ondes gravitationnelles. Mouvements relativistes de l'étoile	Solution des équations d'Einstein (singularité de Schwarzschild)	Observation par effet de lentille gravitationnelle (déflexion de la lumière)

Les étoiles à neutrons et leur signal dit pulsar

On a vu au chapitre précédent que l'étoile à neutrons est le résidu effondré de l'explosion d'une étoile en supernova. On peut caractériser comme suit les conséquences de l'effondrement :

— les protons et les électrons de l'étoile originelle ont fusionné pour former des neutrons (suivant la réaction $p + e^- \rightarrow n + \nu_e$), d'où le nom attribué au résidu de l'étoile ;

— la grandeur physique du moment cinétique se conserve : ce moment, proportionnel à $mr^2\omega$, s'applique alors à des dimensions (r) beaucoup plus réduites après effondrement ; c'est donc la vitesse angulaire ω du corps qui augmente ; l'étoile à neutrons a une rotation très rapide autour d'elle-même ;

— la grandeur physique du flux magnétique (champ magnétique par unité de surface) se conserve : comme ce flux s'applique là aussi à des dimensions beaucoup plus réduites, c'est le champ magnétique propre de l'étoile qui augmente considérablement.

L'étoile à neutrons émet en rayonnement radio un signal intense lié à la troisième caractéristique ci-dessus : le rayonnement est considérablement accéléré par l'intense champ magnétique (effet synchrotron) ; canalisé par les lignes de champ issues des pôles magnétiques, il apparaît à travers les deux cônes de révolution opposés de l'étoile[1].

Ce signal fortement énergétique pourrait ne pas être distingué d'autres signaux s'il était fixe : or, l'axe des pôles magnétiques étant, comme sur Terre, décalé par rapport à l'axe de rotation propre de l'étoile, le signal décrit un cône et apparaît donc comme un phare, vu par éclipses et de manière répétitive par un télescope terrestre ou spatial, quand bien sûr le faisceau est orienté vers la Terre.

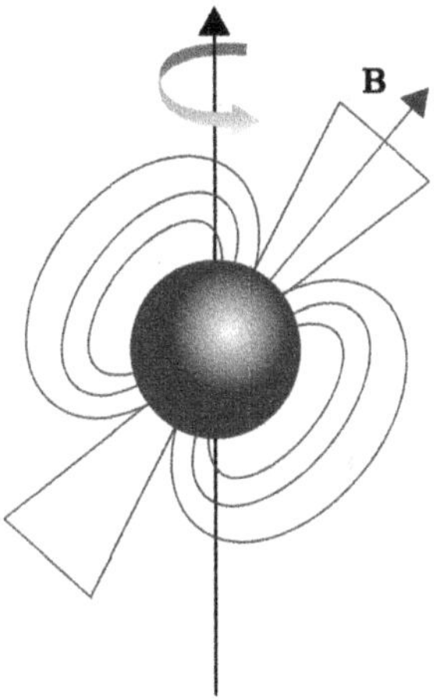

Figure 1 : Le signal sortant en B est décalé par rapport à l'axe de rotation de l'étoile et balaie l'espace à la manière d'un phare. Le signal est capté lorsque la Terre ou les télescopes spatiaux se trouvent dans les directions ainsi balayées. Les périodes du signal vont, selon les étoiles à neutrons, de quelques millisecondes à quelques secondes.

1. L'analogie peut être faite avec le piégeage des électrons par les lignes du champ magnétique terrestre : ils sont ainsi orientés vers les pôles magnétiques terrestres et sont la cause des aurores boréales (chapitre 8).

Le premier signal de ce type a été capté en 1967 par Jocelyn Bell et Antony Hewish[1] : le signal est la seule manifestation décelable d'une étoile à neutrons, il est appelé *pulsar* (*pulsating radio source,* source radio pulsative). Ce premier pulsar sera baptisé PSR B1919+21. À ce jour, plus de 2 000 pulsars ont été observés. Ils permettent l'étude des champs gravitationnels forts, c'est-à-dire des déformations statiques importantes de l'espace-temps. En effet, le paramètre de Schwarzschild $R_s/R = 2GM/Rc^2$ mesurant cette déformation est égal à 0,4 dans le cas d'un pulsar comme PSR B1913+16 : il est proche de l'unité, valeur minimale de densité caractéristique du trou noir[2], et beaucoup plus important que 4×10^{-6}, valeur du paramètre pour le Soleil. L'analyse du signal pulsar reçu sur Terre nécessite la prise en compte de plusieurs effets relativistes du mouvement du système (le pulsar B1913+16 est constitué d'une étoile double) : déplacement à une vitesse non négligeable devant celle de la lumière (300 km/s soit 10^{-3}c), champ gravitationnel variable exercé par l'étoile jumelle, modélisation effective de la trajectoire du pulsar qui n'est pas une ellipse comme en mécanique newtonienne mais une sorte de rosace prévue par la mécanique relativiste[3].

1. Antony Hewish et Jocelyn Bell étaient dans le même laboratoire, dirigé par Hewish. Ce dernier a reçu le prix Nobel de physique en 1974 pour sa découverte des pulsars, mais Jocelyn Bell n'a pas été distinguée par le jury Nobel.
2. Le pulsar présente ainsi des déformations d'espace-temps déjà importantes, tout en restant observable, à la différence du trou noir qui n'est pas observable.
3. À ce jour, comme l'indique Thibault Damour, spécialiste français de la relativité générale, l'étude des signaux reçus de quatre pulsars différents, PSRB1913+16 déjà mentionné, PSRB1534+12, PSR J1141-6545, PSR J0738-3039, a permis de vérifier dix paramètres indépendants donnés par la relativité générale dans le domaine des forts champs gravitationnels.

Le pulsar B1913+16, un test positif de plus pour la relativité générale[1]

Un autre pulsar, découvert en 1974 par les physiciens américains Russell Hulse et Joseph Taylor de l'Université Princeton, joue un rôle important dans la vérification de la relativité générale. Ce pulsar, baptisé B1913+16, est une étoile double, formée de deux étoiles similaires et liées orbitant autour de leur centre de gravité commun, chacune de masse 1,4 M_s environ. Hulse et Taylor mettent en évidence une perte d'énergie de l'étoile double, soit un rétrécissement de l'orbite mesuré par une diminution de la durée de parcours de 67 milliardièmes de seconde pour chaque tour d'une durée de huit heures (soit un effet de $2{,}3 \times 10^{-12}$).

Cette perte d'énergie est logiquement interprétée comme liée à l'émission d'une onde gravitationnelle par le système accéléré qu'est l'étoile double : de la même manière que des particules chargées accélérées dans un champ électrique provoquent une onde électromagnétique, les masses se déplaçant dans l'espace-temps provoquent une déformation qui se propage comme une vague, dite « onde gravitationnelle » – déformation forte au voisinage de la masse, plus faible au fur et à mesure qu'on s'en éloigne. Cet effet d'onde gravitationnelle avait été prédit dès 1918 par Einstein[2].

Les calculs de Hulse et de Taylor de la perte d'énergie du pulsar correspondent aux prédictions des équations de la relativité générale à 2 ‰ près. Cette découverte leur valut le prix Nobel de physique en 1993. Le pulsar permet de mettre en évidence l'effet des ondes gravitationnelles, à une précision du millième, remarquable pour des objets aussi éloignés. Toutefois, la captation effective d'une onde gravitationnelle n'a pas pu encore se faire

1. Un article de juillet 2004 de J. Weisberg et J. Taylor (ce dernier étant un des deux découvreurs du pulsar et prix Nobel 1993) fait le point sur trente ans d'observation de PSR B1913+16 (voir http://arxiv.org/PS_cache/astro-ph/pdf/0407/0407149.pdf).
2. *Über Gravitationswellen* (« Des ondes gravitationnelles »), Comptes rendus de l'Académie des sciences de Prusse (Berlin), 1918, p. 154.

car ces ondes, de très faible intensité, sont difficilement détectables. En détecter est l'objectif des interféromètres VIRGO à Pise (interféromètre terrestre, mis en service en 2007) et LISA dans l'espace (projet américain prévu pour 2012) (*cf.* chapitre 19).

Les trous noirs

C'est un des objets qui font le plus rêver en astrophysique : il est impossible de l'observer directement, puisque aucun rayon lumineux, aucun signal électromagnétique ou aucune particule de matière ne peut en sortir. La fantasmagorie en a aussi été animée par l'image du trou noir qui avale tout à son passage, que ce soit le rayon lumineux ou le malheureux astronaute qui viendrait s'aventurer à ses abords.

L'histoire des trous noirs

Le concept de trou noir repose sur des intuitions physiques relativement anciennes. Dès le XVIIIe siècle, l'Anglais John Michell puis le mathématicien et astronome français Laplace ont l'intuition, dans le cadre d'une théorie physique différente des théories actuelles – la théorie corpusculaire et massique de la lumière prônée par Newton[1] – d'un corps si dense que la lumière ne pourrait s'en échapper. Laplace applique la formule de la vitesse de libération (*cf.* chapitre 7) $v_L = \sqrt{2\frac{GM}{R}}$ à la vitesse de la lumière : si $c < v_L$, soit $R < 2GM/c^2$, alors on est en présence de ce que Laplace appelle un « astre obscur », ancêtre du trou noir. Il écrit cela en

1. Cette théorie était très différente, puisqu'elle attribuait à des corpuscules de lumière une masse : on expliquait ainsi, par la gravitation newtonienne, la déflexion des rayons lumineux à l'abord d'une étoile. En physique moderne, la lumière, manifestant une dualité onde-corpuscule, est composée de corpuscules, les photons, mais ceux-ci n'ont pas de masse.

1786 dans son traité de mécanique céleste, *Exposition du système du monde* :

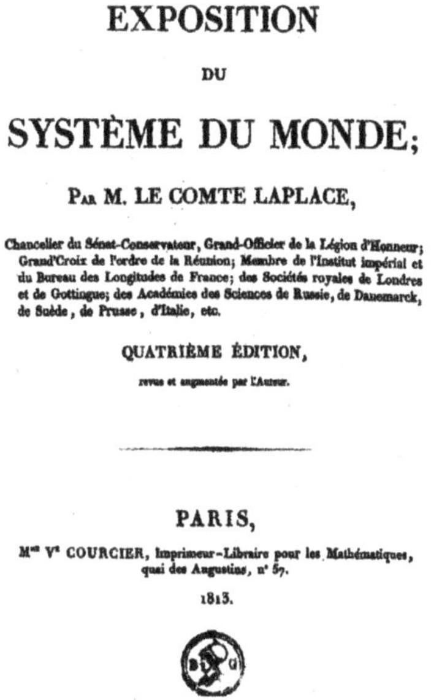

EXPOSITION

DU

SYSTÈME DU MONDE;

PAR M. LE COMTE LAPLACE,

Chancelier du Sénat-Conservateur, Grand-Officier de la Légion d'Honneur; Grand'Croix de l'ordre de la Réunion; Membre de l'Institut impérial et du Bureau des Longitudes de France; des Sociétés royales de Londres et de Gottingue; des Académies des Sciences de Russie, de Danemarck, de Suède, de Prusse, d'Italie, etc.

QUATRIÈME ÉDITION,

revue et augmentée par l'Auteur.

PARIS,

Mme Ve COURCIER, Imprimeur-Libraire pour les Mathématiques, quai des Augustins, n° 57.

1813.

« Il existe donc dans l'espace céleste des corps obscurs aussi considérables, et peut-être en aussi grand nombre, que les étoiles. Un astre lumineux de même densité que la terre, et dont le diamètre serait 250 fois plus grand que celui du soleil, ne laisserait en vertu de son attraction, parvenir aucun de ses rayons jusqu'à nous ; il est donc possible que les plus grands corps lumineux de l'Univers, soient par cela même, invisibles. »

C'est dans un cadre théorique très différent, celui de la relativité générale, que l'astronome allemand Schwarzschild trouve fin 1915, dès la publication de la théorie de la relativité générale, une solution aux équations d'Einstein comprenant une singularité : un astre dont le rapport R/M est inférieur à $2G/c^2$ est un piège gravitationnel de la lumière (cela correspondait d'ailleurs au résultat de Laplace, obtenu dans le cadre de la théorie corpusculaire de la lumière).

Aujourd'hui, on l'a vu, le trou noir pourrait être le résidu de fin de vie d'une étoile très massive, où la force gravitationnelle a irrémédiablement pris le dessus. Comme pour les ondes gravitationnelles, on a détecté les trous noirs non pas directement, mais par leurs effets, ce qui conduit à des « candidats trous noirs ». La première observation eut lieu en 1965, il s'agit de Cygnus X-1 (à environ 8 000 années-lumière dans la direction de la constellation du Cygne) : une étoile est détectée comme étant en rotation rapide autour d'un corps non visible et non identifié – à l'instar d'une étoile double dont un des deux composants ne serait pas visible ; le calcul des moments d'inertie de rotation de l'étoile donne une masse compatible avec celle du trou noir (supérieure à 3 M_s) pour l'objet non visible. Une vingtaine de tels systèmes binaires, dans notre galaxie mais aussi dans d'autres, sont répertoriés à ce jour et susceptibles de contenir un trou noir d'origine stellaire.

L'existence d'autres types de trous noirs, dits « supermassifs », de masse égale à plusieurs millions de masses solaires, jouant le rôle de noyaux actifs de galaxie, fait sa voie chez les astrophysiciens. Ainsi est-on quasi certain, par l'étude des trajectoires des étoiles situées au centre de notre galaxie, d'un trou noir au centre de la Voie lactée, de masse égale à 2,7 millions de masses solaires (M_s). Toutefois, l'origine de tels trous noirs supermassifs n'est pour l'instant pas expliquée : ils ne résultent pas, à la différence des trous noirs de taille « normale », de la mort d'une étoile et, par ailleurs, ils auraient été créés peu après la formation de l'Univers.

La découverte des quasars

En 1963, un objet aux deux caractéristiques suivantes est perçu : signal radio présentant un fort décalage vers le rouge + coïncidence au même point du ciel d'une forte luminosité dans le domaine optique. Ces deux caractéristiques provenant d'un même point étaient en apparence contradictoires, puisqu'un fort décalage vers le rouge signifiait un objet très éloigné, ne rayonnant normalement pas dans le domaine visible – puisque justement les fréquences visibles devaient être décalées vers l'infrarouge. Cette première observation donnera naissance à la notion de quasars (au pluriel, utilisé par extension au singulier) : *quasi stellar astronomical radio source.* La richesse du concept réside dans son appellation, à savoir une source astronomique radio (comme on en connaissait des milliers), mais qui a la particularité de ressembler à une étoile (puisqu'elle rayonne dans le visible).

Le débat s'établit pendant une quinzaine d'années au sein de la communauté scientifique : comment pouvait-il exister un objet aussi éloigné et aussi lumineux ? Finalement l'accord s'est fait depuis vingt-cinq ans sur la nature d'un quasar :

— c'est un objet très éloigné, avec un décalage vers le rouge très important ; le premier quasar observé 3C273 est mesuré à z = 0,16, soit 2,5 milliards d'années-lumière, et l'on a détecté des quasars à plus de 13 milliards d'années-lumière[1] ; le quasar 3C273, malgré sa distance de 2,5 milliards d'années-lumière, a une magnitude apparente de 13 ; il est visible avec un bon télescope amateur dans la direction de la constellation de la Vierge : par comparaison, aucune étoile située à cette distance n'est perçue en lumière visible, si puissant soit le télescope[2] ;

— c'est un objet très puissant, puisqu'il ne rayonne pas uniquement en ondes radio ; malgré son éloignement, il rayonne en lumière visible, ce qui correspond donc au décalage vers le rouge de rayonnements à plus haute fréquence, donc encore plus puissants ;

— c'est un objet de faible dimension, puisqu'on peut observer des changements de luminosité en l'espace de quelques jours (voir figure ci-dessous).

1. Le quasar PC1247+3406 a été détecté avec un décalage vers le rouge de 4,9, soit une distance de 12,7 milliards d'années-lumière.

2. Ce quasar a une telle luminosité que, s'il était à 30 années-lumière de nous, il brillerait dans notre ciel comme le Soleil (qui, lui, n'est qu'à 8 minutes-lumière) ; sa luminosité est évaluée à 100 fois celle de l'ensemble d'une galaxie comme la nôtre.

En résumé, le quasar, objet le plus lumineux de l'Univers, concentre une énergie fort importante dans un volume très réduit.

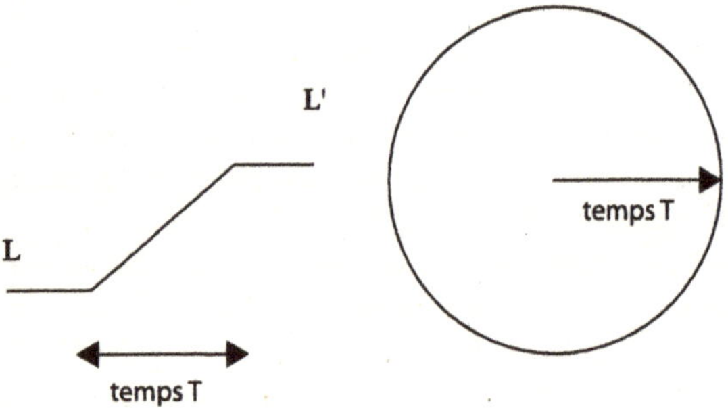

Figure 2 : Variation de la luminosité d'un quasar (*à gauche*) : elle augmente progressivement d'un état stable L à l'autre L' en un temps T (par exemple 5 jours). Une variation instantanée de luminosité est impossible, puisque la lumière se propage à vitesse finie c : T mesure le temps que met cette variation de luminosité pour se propager au sein de l'objet observé. On peut en déduire (*à droite*, c'est l'objet cosmique lui-même qui est représenté) que la taille de l'objet est d'environ T secondes-lumière. Que l'on pense à une lumière parcourant à vitesse réduite le filament d'une ampoule après qu'on a ouvert l'interrupteur : l'allumage n'est pas instantané (*à gauche*), le temps mis par la lumière à parcourir le filament nous donne une idée de sa taille.

Avec les quasars, on trouve ainsi dans l'Univers des objets très lointains, très puissants et très denses : 3C273 est situé à 2,5 milliards d'années-lumière, rayonne 100 fois plus que l'ensemble de notre galaxie, tout en étant 10^{-9} fois plus petit. On a identifié à ce jour plus d'un millier de quasars, situés de 1 à 13 milliards d'années-lumière. Seule une faible partie d'entre eux rayonne dans le spectre radio – ils rayonnent tous dans le spectre visible : de fait, c'est parce que 3C273 rayonnait dans les deux que la théorie des quasars a pu être développée.

L'interprétation actuelle du quasar est celle d'un trou noir accrétant de la matière, absorbant de grandes quantités de gaz et d'étoiles ; le trou noir serait à l'origine de la formidable énergie du quasar. Il a aussi été émis l'idée qu'un quasar pouvait constituer le noyau actif d'une galaxie. C'est cette théorie des quasars, connaissance du très lointain, qui nous a permis de mieux connaître le très proche, puisqu'on a ainsi pu localiser le trou noir qui jouerait le rôle de noyau actif de notre galaxie, la Voie lactée. Enfin, le fait qu'il n'existe pas de quasar plus « jeune » que 1 milliard d'années constitue un sujet d'étude de l'astrophysique : il est important de comprendre pourquoi un tel phénomène se serait produit au début de l'Univers, et ne se serait plus reproduit par la suite.

Quasars et mirages gravitationnels

De la même manière que les pulsars permettent de vérifier les équations de la relativité générale (calculs des trajectoires du pulsar animé d'une grande vitesse + effet des ondes gravitationnelles), les quasars ont permis de mettre en évidence un phénomène prédit par la relativité générale, celui des mirages gravitationnels dus à la déflexion de la lumière.

Le quasar Q0957+561, observé en 1979, est situé à 8 milliards d'années-lumière. Lors de son observation le 29 mars 1979, deux images voisines de 6 secondes d'arc apparurent. L'étude du spectre électromagnétique de ces deux images montra de manière permanente une parfaite identité : il s'agissait en fait d'un seul et même objet dont l'image était dédoublée par effet de mirage gravitationnel. Le signal du quasar lointain rencontre sur son trajet une galaxie massive dont la masse le défléchit, conformément aux lois de la relativité : cela peut ainsi faire apparaître une ou plusieurs images de ce quasar.

Le corps intermédiaire provoque non seulement un dédoublement de l'image (l'image peut être plus que dédoublée, il peut y avoir quatre avatars, voire plus, *cf.* encadré ci-dessous), mais aussi son amplification. Il focalise les rayons de la source lointaine vers l'observateur, comme une loupe les rayons du Soleil vers le point d'une feuille de papier qu'on veut enflammer. Certains rayons issus

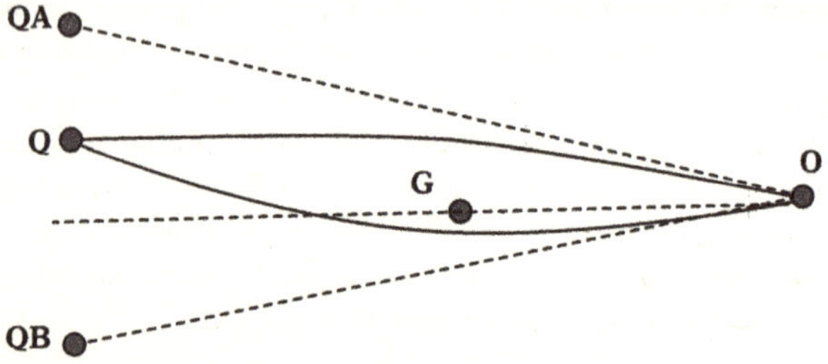

Figure 3 : La galaxie[1] située dans l'axe de visée défléchit, compte tenu de sa masse, les rayons lumineux suivant les lois de la relativité générale. Les rayons issus du quasar Q peuvent atteindre l'observateur O par plusieurs chemins optiques, formant par exemple deux images QA et QB. Le principe du mirage gravitationnel est identique à celui du mirage optique (voir chapitre 6).

du quasar Q, qui ne sont pas sur la ligne QO, sont focalisés en direction de la galaxie G et de l'observateur O, qui voit ainsi plus de rayons qu'il n'en verrait en l'absence de déflexion. C'est le second effet, dit de « lentille gravitationnelle » : la lumière du quasar lointain est focalisée vers l'observateur terrestre par la loupe que constitue la galaxie intermédiaire. On peut même parler de « télescope gravitationnel » à propos du rôle joué par la galaxie qui se trouve sur la ligne de visée.

Cet effet peut être comparé à celui du télescope optique, y compris dans ses inconvénients : en observant un point lumineux dans l'espace, il arrive qu'on ne puisse pas savoir si c'est une galaxie assez proche, ou si c'est une galaxie ou un quasar très lointains, dont une matière intermédiaire non visible aurait amplifié l'image par effet de lentille gravitationnelle. De la même manière que le télescope terrestre donne une image perturbée d'une étoile à cause de l'agitation de l'atmosphère jouant le rôle de lentille réfractrice[2] (effet de scin-

1. Pour le quasar Q0957+561, il s'agit d'une galaxie située à une distance deux fois moindre, à 3,7 milliards d'années-lumière.
2. Les effets réfracteurs de l'atmosphère ont été illustrés dans les observations atmosphériques, chapitre 6.

tillation), les télescopes placés en orbite, comme Hubble, offrent une image des galaxies qui peut être perturbée par effet de lentille gravitationnelle.

La croix d'Einstein

Suivant la position respective de la galaxie ou du quasar observés et de la galaxie déflectrice, l'effet peut être observé de manière différente, le dédoublement d'image étant l'effet le plus simple.

Ainsi, l'observation du quasar Q2237 + 0305 montre quatre images du même objet, mirage gravitationnel appelé « croix d'Einstein ». L'observation de ce quasar situé à 8 milliards d'années-lumière se fait par déflexion à travers une galaxie-écran située 20 fois moins loin, à 400 millions d'années-lumière.

On a aussi pu observer une bande quasi complète formant un anneau, image non résolue des différents mirages se superposant, qu'on appelle « anneau d'Einstein ».

Enfin, signalons que l'effet de mirage gravitationnel, même s'il a principalement été observé avec des quasars, n'en est pas caractéristique : en février 2008, la galaxie observée à ce jour comme la plus lointaine, A1689-zD1, à 12,8 milliards d'années-lumière, l'a été par le télescope spatial Hubble grâce à l'effet de lentille gravitationnelle d'une autre galaxie, Abell 1689, elle-même située à 2,2 milliards d'années-lumière, dans la direction de la constellation de la Vierge.

CHAPITRE 17

Les rayonnements cosmiques de haute énergie

À la différence des rayonnements étudiés jusqu'ici, qui tous se rapportaient à un objet spatial donné et identifiable (étoile, galaxie, pulsar, quasar, etc.), les rayonnements présentés à présent ne peuvent pas clairement être affectés à un objet donné de l'Univers ; leur source peut d'ailleurs être ponctuelle et non permanente – à la différence du rayonnement d'une étoile ou d'un quasar. Ces rayonnements ont pour caractéristique d'être fortement énergétiques. Il s'agit :

— des rayons cosmiques proprement dits, principalement constitués de protons de très haute énergie, « fonçant » à vitesse relativiste dans l'Univers ;

— des bouffées de rayons gamma (*gamma rays bursts*, en anglais), sources ponctuelles de photons très énergétiques créant un phénomène à forte luminosité.

Ils ont pour point commun d'être issus de véritables « accélérateurs célestes », champs magnétiques accélérateurs (pour les particules chargées des rayons cosmiques) ou ondes de choc d'événements spatiaux de grande violence (pour les photons gamma).

Les rayons cosmiques

La Terre est bombardée en permanence par des particules chargées, de haute énergie et de grande vitesse, d'origine solaire, galactique ou extragalactique.

Ils se manifestent[1] sur Terre par les « gerbes atmosphériques », phénomène observé pour la première fois par l'astronome français Pierre Auger en 1938 : un proton « cosmique » parvenant dans la haute atmosphère à 30 kilomètres d'altitude frappe à vitesse élevée les molécules d'azote et d'oxygène ; la collision les désintègre en leurs constituants, eux-mêmes animés d'une forte vitesse résiduelle après le choc. Un proton « cosmique » peut ainsi créer par cascade de collisions un million de particules au sol.

La découverte et l'étude de ces gerbes cosmiques, assimilables à des collisionneurs de particules naturels, ont permis de détecter les premières particules élémentaires (muons notamment) et ont donné naissance à la physique des particules ; celle-ci a pour objectif de connaître les particules élémentaires instables constituant les particules stables de la matière. De fait, les accélérateurs et collisionneurs de particules à grande vitesse reproduisent le modèle des rayons cosmiques : accélération (à l'origine du rayon cosmique) et collisions (à l'origine de la gerbe cosmique) conduisant à la décomposition en particules élémentaires.

L'origine effective des rayons cosmiques n'est pas encore totalement élucidée. Comme on l'a dit, ils ne peuvent être immédiatement mis en correspondance avec un objet céleste donné, on n'en observe que la manifestation sur Terre. Ils sont la signature d'événements cosmiques de haute intensité ; selon leur énergie, ils peuvent provenir d'une étoile à forte activité (nous avons évoqué les rayons cosmiques solaires qui se manifestent lors des éruptions solaires), de l'explosion d'une supernova, d'un pulsar, voire d'un trou noir noyau

---

1. Notons que le vent solaire est une forme de rayonnement cosmique de basse énergie (particules faiblement accélérées, de vitesse 700 km/s) qui a pour manifestation les aurores boréales (*cf.* chapitre 8).

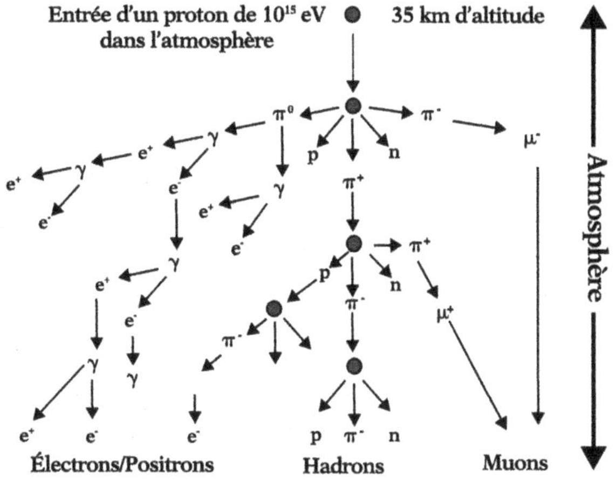

Figure 1 : Dans l'espace, le rayon cosmique dit « primaire » est, pour sa part chargée, constitué principalement de protons (85 %) et de noyaux d'hélium (particules α, 13 %) ; mais, après les chocs successifs dans l'atmosphère, de nombreuses particules secondaires apparaissent. Nous n'entrerons pas ici dans le détail des particules élémentaires (leptons, quarks, etc.) constituant les particules composées stables (proton, neutron, etc.). Notons que les quatre forces physiques connues (électromagnétisme, gravitation, interaction forte, interaction faible) interviennent dans cette succession de collisions, dite « gerbe cosmique ». Une gerbe issue d'une particule cosmique peut couvrir une superficie allant de quelques hectares à une vingtaine de km², suivant l'énergie de la particule cosmique à l'origine de la gerbe.

actif de galaxie pour les plus énergétiques d'entre eux : l'effondrement de la matière dans ces trous noirs s'accompagnerait de jets immenses de particules hautement accélérées, les plus énergétiques des rayons cosmiques.

La compréhension des causes d'une telle énergie dans l'Univers est un enjeu important de l'astrophysique. À cette fin, sous l'impulsion de James Cronin, prix Nobel de physique 1980, et avec l'aide d'équipes de recherche françaises, l'observatoire Pierre Auger a été installé depuis 2005 dans la pampa argentine, à 1 500 mètres d'altitude. Constitué de 1 600 cuves de 12 tonnes d'eau chacune,

La détection sur Terre des muons issus des gerbes cosmiques, une preuve de la relativité restreinte

Une des particules élémentaires aisément détectables sur Terre est le muon. Dans une gerbe cosmique, il est issu de la désintégration du méson, lui-même issu du proton d'origine cosmique. Le muon a une durée de vie propre de 2,2 µs, 100 fois supérieure à celle du méson.

Considérons un muon issu d'une gerbe cosmique et d'énergie 10 GeV. Cette énergie importante est environ 100 fois supérieure à son énergie au repos ($E_0 = m_\mu c^2 = 105$ MeV). Le muon hautement énergétique a une vitesse quasi égale à celle de la lumière : comme $E = \gamma m_\mu c^2$, avec $\gamma = \frac{1}{\sqrt{1 - \frac{v^2}{c^2}}}$, on peut calculer le facteur relativiste $\gamma = E/E_0 = 10\,000/105 \approx 100$, ce qui donne une vitesse de 0,99995 c. La durée de vie du muon dans le repère terrestre est $\Delta t' = \gamma \Delta t = 100 \times 2{,}2 = 220$ microsecondes.

Par définition de la durée de vie (durée au bout de laquelle la moitié des particules a disparu), la densité de muons est divisée par deux tous les 66 kilomètres dans le repère terrestre (66 km = c × 220 microsecondes), c'est-à-dire de l'ordre de grandeur de la traversée de l'atmosphère ; alors qu'elle est divisée par deux tous les 660 m dans le repère propre (en 66 kilomètres dans le repère propre, elle serait divisée par 2^{100}, soit une densité divisée par 10^{-30} !). Le fait qu'on détecte sur Terre une densité appréciable de muons[1] est une preuve de la dilatation des durées de la relativité restreinte. Deux muons traversent chaque seconde verticalement la page de ce livre ouvert horizontalement.

1. La densité détectée expérimentalement correspond ainsi à la durée de vie dilatée donnée par la relativité restreinte. Signalons qu'on peut construire assez facilement, de manière artisanale, des détecteurs de muons par scintillation : le dispositif ministériel Sciences à l'école finance, à travers son programme Cosmos, des détecteurs de muons dans certaines classes de lycée.

couvrant une surface de 3 000 km^2 (l'équivalent d'un département français), il a pour but la détection au sol des particules issues des gerbes cosmiques de haute énergie. La détection de ces particules secondaires, objets les plus énergétiques de l'Univers[1], devrait permettre de mieux appréhender la source d'accélération intense à l'origine du rayon cosmique correspondant.

Rayons cosmiques et datation

Même si l'on ne connaît pas en détail le phénomène à l'origine des rayons cosmiques de très haute énergie, on sait observer leurs effets dans le cosmos comme dans l'atmosphère.

Dans le cosmos, on a vu que les flux de neutrons émis lors de l'explosion d'une étoile massive en supernova sont à l'origine de la constitution des éléments lourds, au-delà du fer, suivant les réactions de nucléosynthèse explosive vues en fin de chapitre 15.

Dans l'atmosphère, le choc des protons des rayons cosmiques avec les atomes engendre une production de neutrons avec un taux régulier. Ces neutrons peuvent à leur tour interagir avec l'azote de l'atmosphère et produire du carbone 14 (isotope du carbone 12), suivant la réaction $n + {}^{14}_{7}N \rightarrow {}^{14}_{6}C + p$. C'est ainsi qu'existe le carbone 14 utile à la datation archéologique des matières vivantes (fossiles humains ou végétaux). Cet isotope est ingéré par les organismes tout au long de leur vie, dans une proportion d'environ 10^{-12} par rapport au carbone 12 : après la mort de l'organisme, la quantité de carbone 12 se fige, alors que celle de carbone 14, seul radioactif, diminue. La mesure du rapport rémanent carbone 14/carbone 12 permet de dater la mort de l'organisme.

1. Des particules d'une énergie égale à 60×10^{18} eV ont été détectées en 2005 à l'observatoire Pierre Auger. À titre de comparaison, les particules étudiées au LHC ont une énergie d'environ 10^{12} eV (*cf.* tableau comparatif en fin de chapitre).

Les sursauts de rayons γ

Intense jet unidirectionnel de rayons γ, composé de photons hautement énergétiques, ce phénomène a été identifié au début des années 1970 par les satellites américains Véla, qui avaient été mis sur orbite dans le cadre des accords de désarmement nucléaire afin de vérifier qu'il n'y avait pas d'essais nucléaires atmosphériques – les essais terrestres étant facilement détectés par l'observation sismique. Les sursauts γ dégagent une énergie lumineuse encore plus importante que l'explosion d'une supernova, et pourraient accompagner les plus violentes de ces explosions.

L'origine des sursauts γ a été longuement débattue : en 1996, il est devenu clair que leur répartition était isotrope, donc d'origine extragalactique. Le satellite SWIFT a été lancé en novembre 2004 par la NASA à une altitude de 600 kilomètres pour détecter les sursauts γ dirigés vers le système solaire : il a la particularité de pouvoir se tourner très rapidement, en 2 minutes, vers la source de rayons qu'il identifie. C'est ce qu'il fit le 18 février 2006 en direction du sursaut GRB060218, qu'on a pu identifier comme lié à l'explosion[1] d'une étoile massive en supernova, à 450 millions d'années-lumière.

Il existe aussi des sursauts γ plus brefs, dont l'origine serait différente : à titre d'exemple, le 27 décembre 2004[2], un sursaut a été observé, provenant d'une étoile à neutrons de la Galaxie (SGR 1806-20, constellation du Sagittaire), à 50 000 années-lumière : d'une durée d'un dixième de seconde, il a, malgré sa distance, éclairé la partie supérieure de l'atmosphère terrestre et perturbé les télécom-

1. Cette observation simultanée est importante, car elle corrèle une bouffée de rayons γ et une explosion de supernova : auparavant, on avait, dans le meilleur des cas, pu associer à une bouffée de rayons les traces d'une explosion passée (interview de Jacques Paul, CEA, *La Recherche*, décembre 2006, n° 403).

2. Une expression peu heureuse mais parlante a été utilisée à propos de cet événement : survenant le lendemain d'un tsunami océanique qui a coûté la vie à 300 000 personnes en Indonésie et au Sri Lanka le 26 décembre 2004, il a été qualifié de « tsunami galactique ».

munications au-dessus du Pacifique. L'énergie dégagée par cette bouffée γ était équivalente à 250 000 années d'activité du Soleil, et 1 000 fois plus brillante que les explosions de supernovae.

Énergie (en eV, électronvolt)	**Observation**
10^{-4}	Un photon du Big Bang observé aujourd'hui
1 à 3	Un photon de lumière visible (Soleil, lampe électrique)
10^6 à 10^7	Un neutrino issu d'une explosion de supernova et détecté sur Terre
10^{10}	Un muon atmosphérique issu d'une gerbe cosmique
10^{12} à 10^{13}	Les accélérateurs de particules actuels (Tevatron américain, LHC européen)
10^{14}	Un photon d'une bouffée de rayons γ
10^{15} à 10^{20}	Un proton de rayon cosmique parmi les plus puissants

Figure 2 : Tableau d'énergies croissantes dans l'Univers ou sur Terre, figurant notamment les particules à hautes énergies (rayons γ et rayons cosmiques). Comme l'indique F. Vannucci (bibliographie [20]), un proton de 10^{20} eV (soit 16 joules) dans un rayon cosmique a une énergie équivalente à celle d'une balle de tennis à 100 km/h, dans un volume 10^{42} fois plus petit.

CHAPITRE 18

La théorie du Big Bang

La théorie du Big Bang, ou de l'explosion primordiale, s'est progressivement imposée, jusqu'à devenir le modèle cosmologique largement dominant à présent : de 1915, date des équations de la relativité générale d'Einstein, jusqu'à 1963, date de la découverte du rayonnement de fond cosmologique, diverses étapes ont jalonné ce modèle, validé par toutes les données actuelles de l'observation.

L'expansion de l'Univers

En 1929, l'astronome américain Edwin Hubble[1] fait une observation fondamentale à l'observatoire du mont Wilson (près de Los Angeles) : toutes les galaxies s'éloignent de nous, à une vitesse proportionnelle à leur éloignement (plus elles sont lointaines, plus elles s'éloignent vite).

---

1. L'astrophysicien Jean-Pierre Luminet (voir par exemple *L'Invention du Big Bang*, Seuil, « Points », 2004) a activement contribué à rétablir l'histoire de la découverte de l'expansion de l'Univers avant Hubble : résolution correspondante des équations de la relativité générale en 1922 par le mathématicien russe Alexandre Friedmann (1888-1925), premier article sur l'expansion de l'Univers, basé sur ces solutions, par l'astronome belge, l'abbé Georges Lemaître (1894-1966), en 1927, apports de George Gamow (1904-1968).

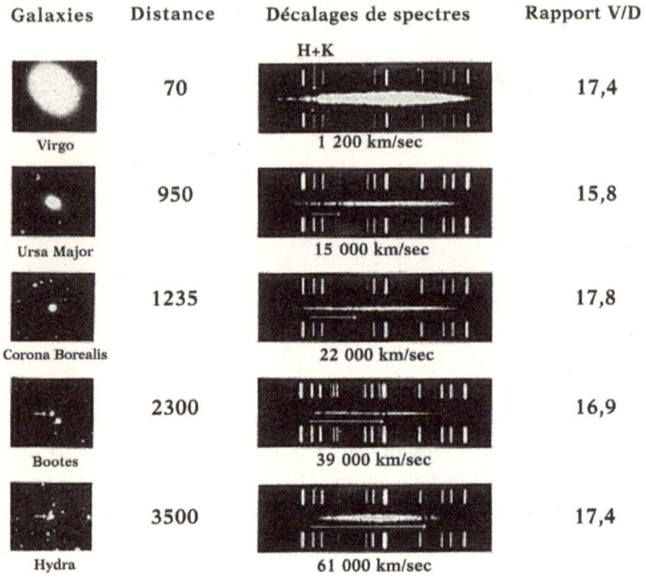

Figure 1 : *À droite*, les spectres de raies de différents amas de galaxies observés par Hubble (décalage des raies H et K du calcium ionisé, figuré par une flèche horizontale). La distance des galaxies est en millions d'années-lumière, le rapport V/D est la division du chiffre de vitesse situé sous le spectre par la distance. On remarque dans la colonne de droite la constance du rapport V/D, entre 15,8 et 17,8, ce qui traduit le fait que la vitesse est proportionnelle à l'éloignement.

La loi de Hubble s'énonce V = H × D, où H est la constante de Hubble. Malgré sa forme (V vitesse de la galaxie, D distance de la galaxie à la Terre), cette loi n'est pas caractéristique de quelconques propriétés ou mouvements d'une galaxie donnée, ni du point d'origine de la mesure (la Terre en l'occurrence). Un astronome situé sur une autre galaxie pourrait aboutir à la même conclusion : la loi de Hubble est caractéristique du support géométrique de l'Univers lui-même, elle correspond à l'expansion globale de ce dernier. Une façon de se représenter cette expansion est un ballon qu'on gonfle[1] : les distances entre deux points fixés initialement sur la surface du ballon obéissent à la même loi d'expansion de Hubble.

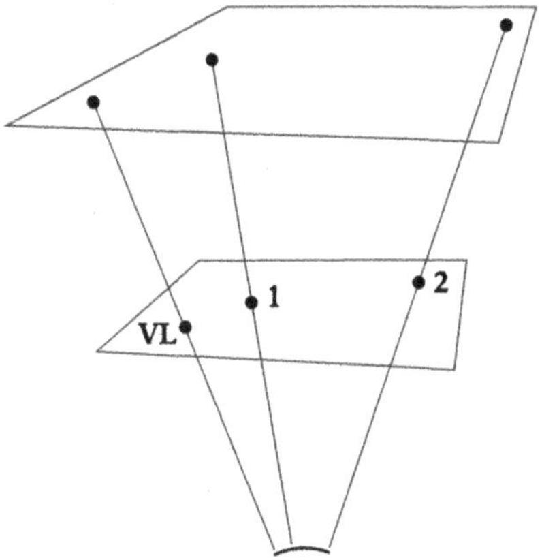

Figure 2 : La galaxie 2, plus lointaine, s'éloigne plus vite de la Voie lactée que la galaxie 1. Mais l'inverse est vrai : la Voie lactée s'éloigne plus vite de la galaxie 2 que la galaxie 1. L'expansion de l'Univers est une caractéristique indépendante des points de mesure. Notons qu'il s'agit ici d'une modélisation en dimension 3, utilisant l'image de la surface d'un ballon : la réalité de l'expansion de l'Univers (dans l'espace-temps à trois dimensions d'espace de la relativité générale) ne peut être représentée.

Le rayonnement de fond diffus cosmologique

Il fut découvert de manière tout à fait fortuite en 1963 par Arno Penzias et Richard Wilson, ingénieurs spécialistes de télécommunications satellitaires dans un laboratoire de Bell Telephone. En montant une antenne, ils souhaitaient la calibrer en mesurant les rayonnements galactiques de faible puissance ; ils détectèrent un « bruit »

1. L'image de la cuisson d'un cake soufflé aux raisins est aussi parfois utilisée, les raisins jouant le rôle des galaxies.

L'âge de l'Univers

De la loi de Hubble, on peut déduire l'âge de l'Univers. Diverses projections existent, divisant les astronomes suivant la valeur précise à donner à la constante de Hubble et suivant le modèle spécifique d'Univers.

Une représentation simple, voire simpliste, de ces calculs est la suivante. Si un ami vous dit qu'il roule en automobile à 60 km/h et qu'il a déjà fait 120 kilomètres, vous saurez qu'il est parti 2 heures auparavant, soit T = D/V. De la loi de Hubble V = H × D, on déduit ainsi que l'Univers est « en marche » depuis un temps T = D/V = 1/H. L'inverse de la constante de Hubble est une indication de l'âge de l'Univers.

La valeur actuellement admise pour H est 72 km/s/Mpc, cette unité mesurant un taux d'expansion : une galaxie située à une distance de 1 mégaparsec (Mpc) – soit environ 3,26 millions d'années-lumière – s'éloigne à une vitesse de 72 km/s ; une galaxie située à une distance double s'éloigne à une vitesse double. 1/H a effectivement la dimension d'un temps (puisque km et Mpc sont des unités de distance), et on peut calculer :

$$\frac{1}{H} = \frac{1}{72\ (\text{km/s})} \times 1\ (\text{MPc}) = \frac{1}{72\ (\text{km/s})} \times 10^6 \times 3{,}261\ (\text{années}) \times 300\,000\ (\text{km/s}) = 13{,}6 \times 10^9 \text{ années}$$

(soit un âge de l'Univers inféré suivant cette méthode à 13,6 milliards d'années).

De manière analogue à l'image de l'automobile, on peut aussi dire : à chaque mégaparsec de plus, une galaxie s'éloigne à une vitesse de 72 km/s supplémentaires ; sachant que la vitesse de la lumière, 300 000 km/s, est celle qui permet au signal de cette galaxie de nous arriver, l'âge de l'Univers, mesuré par le plus lointain signal galactique détectable, est calculé ainsi : 300 000/72 × 3,26 × 10^6 (on retrouve la même formule que ci-dessus).

plus élevé que prévu, dans quelque direction qu'ils pointassent leur antenne. Le lien fut rapidement fait avec la prédiction de Gamow en 1949 du « rayonnement fossile » de l'Univers, et cette découverte vaudra à Penzias et Wilson le prix Nobel de physique en 1978. L'existence du rayonnement dit « de fond diffus » est confirmée de manière éclatante par le satellite COBE (Cosmic Background Explorer) lancé par la NASA en 1989, puis par la sonde WMAP qui l'a observé de 2002 à 2004 à une distance de 1,5 million de kilomètres de la Terre.

Il possède deux caractéristiques – une isotropie quasi parfaite et un caractère thermique de rayonnement de corps noir : il apparaît comme l'exacte photographie du moment où les photons, qui constituent ce rayonnement primordial, sont libérés de la matière, environ 300 000 ans après le Big Bang.

La première caractéristique du fond diffus est donc son isotropie : il est capté avec la même intensité quelle que soit la direction de l'espace[1]. Les photons qui le composent, originellement concentrés en un point de l'espace-temps peu après le Big Bang, suivent l'expansion de l'Univers en s'y répartissant uniformément, sans direction privilégiée puisque très concentrés au départ : le rayonnement de fond diffus est « congénital » de l'explosion primordiale et de l'expansion de l'Univers, c'est leur signature.

La seconde caractéristique du fond diffus est sa nature thermique de rayonnement de corps noir à la température de 2,73 K. Cela corrobore aussi l'expansion de l'Univers : ce rayonnement correspond à l'expansion et au refroidissement du flux de photons initialement très énergétiques et très concentrés dans l'espace-temps[2]. Le

1. Correction faite du mouvement du point de mesure, par exemple le télescope, qui se meut avec la Voie lactée au sein de l'Univers.

2. Pour reprendre l'image du ballon prise pour l'expansion, l'intensité d'un rayonnement décroît comme le carré de la distance à la source, et la surface du ballon croît comme le carré de cette distance. Le rayonnement a donc gardé son caractère thermique initial (avec une répartition spectrale conforme à la courbe du corps noir), la seule différence est que l'ensemble du spectre s'est décalé vers les basses températures.

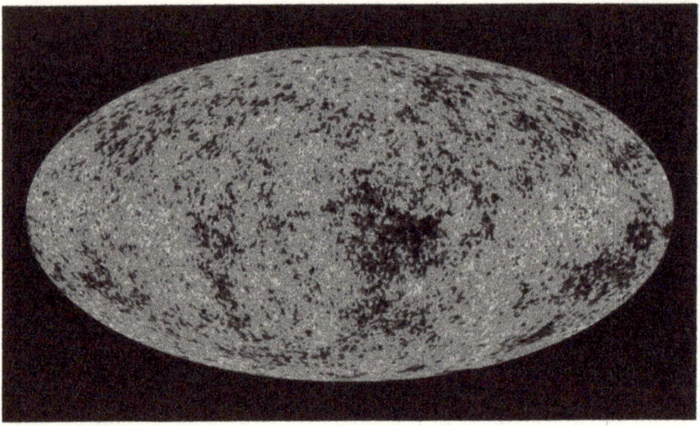

Figure 3 : Image à haute résolution du fond diffus cosmologique par le satellite WMAP (2003). Le rayonnement est quasi isotrope. Les différences de nuances traduisent de légères anisotropies (à 10^{-5} près), qui sont de précieux renseignements sur ce qui pouvait se passer dans l'Univers 300 000 ans après le Big Bang. C'est une « carte du ciel » de cette époque, que les astrophysiciens scrutent et interprètent en permanence – ce rayonnement n'est pas figé, et ces légères anisotropies varient dans le temps.

satellite COBE, lancé le 18 novembre 1989, a pu mesurer, en neuf minutes d'observation, l'adéquation du fond diffus cosmologique à la courbe de rayonnement du corps noir, sur toutes les longueurs d'onde de 0,01 à 40 centimètres.

Enfin, si le rayonnement de fond diffus est isotrope, c'est une fois corrigé du mouvement intrinsèque de notre galaxie, d'où l'on prend la mesure. Avant correction, il présente une parfaite anisotropie de type dipolaire : fréquences plus grandes dans la direction du mouvement de la Voie lactée, et fréquences plus faibles dans la même direction, dans l'autre sens. Cette anisotropie locale traduit le mouvement de la Galaxie à 600 km/s dans l'Univers, en direction de l'amas de la Vierge. Le rayonnement de fond diffus cosmologique joue, dans une certaine mesure, le rôle de « repère absolu », à tout le moins de traceur des mouvements des divers corps célestes.

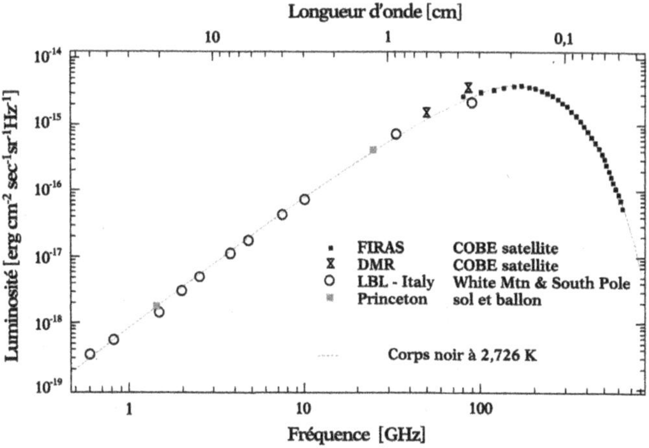

Figure 4 : La courbe en pointillé est celle d'un rayonnement thermique de corps noir à une température de 2,735 K. Les points marqués sur la courbe indiquent les mesures prises par différents outils, dont le satellite COBE, et montrent la parfaite adéquation à la courbe du corps noir à cette température. Sur Terre (par exemple pour Penzias et Wilson), seule la partie gauche de la courbe est accessible, pour des longueurs d'onde supérieures à 5 centimètres (abscisses du haut), car l'atmosphère terrestre arrête les ondes courtes ; l'observation satellitaire permet de s'affranchir de cette contrainte et confirme les caractéristiques du fond diffus sur tout son spectre.

La répartition des éléments légers

Une autre validation de l'explosion primordiale est la répartition des éléments légers dans l'Univers, notamment la quantité d'hélium, importante et quasi constante dans l'Univers. Celui-ci comprend à peu près uniformément 1 noyau d'hélium pour 12 d'hydrogène (soit un rapport de 1 neutron pour 7 protons), ce qui donne une répartition H-He de 75 %-25 % en masse (92 %-8 % en quantité). Ces proportions se retrouvent dans les observations les plus diverses du cosmos : composition gazeuse de toutes les galaxies, composition des rayons cosmiques (90 % de protons libres, 10 % de noyaux d'hélium), rayonnement des quasars les plus lointains, atmosphère des planètes gazeuses proches comme Jupiter ou Saturne, etc.

La nucléosynthèse primordiale est seule capable d'expliquer l'abondance et l'isotropie de l'hélium. La fabrication d'hélium dans les étoiles (nucléosynthèse stellaire) ne suffit pas à expliquer une telle proportion d'hélium dans le cosmos – d'autant qu'une grosse partie de l'hélium fabriqué dans les étoiles par fusion y reste piégée – ni son isotropie. Cette prédominance commune, en tout point du cosmos, des deux éléments H et He ne peut s'expliquer que par une origine commune.

Comme on sait par ailleurs que l'hélium constitue un élément particulièrement stable dans les réactions de fusion – les réactions ultérieures sont difficiles à déclencher –, l'explication couramment admise est que l'hydrogène et l'hélium ont la même origine, celle de l'explosion primordiale : après elle, densité et température étaient devenues trop faibles pour que les réactions de fusion suivantes puissent se déclencher. Les étoiles se sont formées, faites de ces mêmes proportions d'hydrogène et d'hélium, et c'est la nucléosynthèse stellaire qui conduit aux autres éléments, ainsi qu'à une quantité légèrement supplémentaire d'hélium : mais la proportion très importante de l'hélium est formée lors de la nucléosynthèse primordiale, autrement dit du Big Bang.

Finalement, la théorie du Big Bang est bien étayée par les faits suivants :

— la fuite des galaxies à une vitesse proportionnelle à leur éloignement (loi de Hubble) ;

— le rayonnement de fond diffus cosmologique, et son isotropie en tout point ;

— la répartition dans l'Univers des éléments légers, et notamment l'abondance de l'hélium ;

— la distribution des sources radioastronomiques qui montre une isotropie parfaite, confirmant une distribution aléatoire et une absence de « centre » ;

— le fait qu'aucun objet de l'Univers n'ait été mesuré avec un âge supérieur à celui de l'Univers tel que l'évalue la théorie (13,7 milliards d'années).

La taille de l'Univers observable

« Voir loin, c'est voir dans le passé » : on connaît cette phrase qui nous rappelle que la lumière que nous recevons des galaxies lointaines est celle qu'elles ont émise il y a des milliards d'années. Nous l'avons illustrée à plusieurs reprises dans cet ouvrage. Mais à peine avons-nous dû faire cette accommodation entre les notions de distance et de temps, nécessaire mais absolument pas naturelle et sans réelle implication pour nous, que nous devons en faire une autre : la lumière venant par exemple de la galaxie aZ-1689 (la plus lointaine connue à ce jour) a mis 12,7 milliards d'années à nous parvenir, certes, mais on ne peut pas dire que cette galaxie est à une distance de 12,7 milliards d'années-lumière, puisque, entre le moment *t* où elle a émis cette lumière, c'est-à-dire à un âge très reculé, et le moment *t'* où

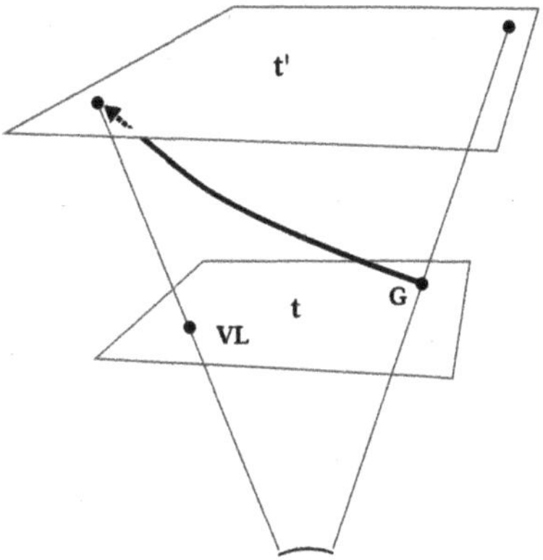

Figure 5 : La flèche symbolise la perception à l'instant *t'* (aujourd'hui) et au lieu VL (Voie lactée) de la lumière qu'une galaxie G a émise à l'instant *t*. Ces deux points sont situés dans des horizons différents de l'espace-temps ; la distance perd sa signification dans ce cadre : pour reprendre l'exemple ci-dessus de la galaxie aZ-1689, la distance de 12,7 milliards d'années-lumière, représentée par la flèche, est à la fois supérieure à la distance qui séparait cette galaxie et la nôtre au moment où le signal a été émis (distance G-VL lors de l'horizon de temps *t*) et inférieure à la distance séparant ces galaxies aujourd'hui (distance G-VL lors de l'horizon de temps *t'*).

nous recevons ce signal, l'Univers a subi une forte expansion, cette galaxie et la nôtre s'étant encore éloignées. On dit que les galaxies sont « comobiles » dans l'Univers en expansion.

Pour l'illustrer, nous utiliserons le décalage vers le rouge z introduit au chapitre 13.

Décalage spectral et distance (galaxies proches)

Pour de faibles valeurs de z (c'est-à-dire des galaxies relativement peu éloignées, par exemple jusqu'à z = 0,5), la première accommodation définie ci-dessus entre temps (date d'émission d'un signal lumineux) et distance (années-lumière) suffit.

$$z \approx v/c \text{ (grandeur sans dimension)}$$
$$v = H \times D \text{ (loi de Hubble)}$$
$$\text{D'où } D = v/H = c/H \times z \qquad (1)$$

$$D = 13{,}7 \text{ milliards d'années (soit } 1/H) \times S \text{ (nombre de secondes dans l'année)} \times c \times z$$

Or S × c est une distance, égale à ce que parcourt la lumière dans l'année, c'est bien l'année-lumière ; on peut donc simplifier la relation (1) ci-dessus en la lisant ainsi : D (en année-lumière) = 13,7 milliards × z. Le décalage spectral z mesure donc (pour z faible) la distance de la galaxie : une galaxie à z = 0,2 est à 13,7 milliards × 0,2 = 2,74 milliards d'années-lumière.

L'interprétation des décalages spectraux plus grands ne se fait pas de la même manière. Notons d'ailleurs que l'approximation $z \approx v/c$ n'est valable que pour v petit, soit $z < 0{,}5$. La formule de l'effet Doppler relativiste ne s'applique pas non plus : pour de grands décalages spectraux, comme ceux des quasars ou des galaxies plus éloignées (à partir de 3 milliards d'années-lumière), on procède à un calcul cosmologique faisant appel au taux d'expansion de l'Univers (nous ne le reproduisons pas ici). Ainsi, pour un objet situé au plus loin de l'espace-temps (1/H = 13,7 milliards d'années-lumière), on calcule qu'à l'instant t' (aujourd'hui, voir figure 5 ci-avant) cette galaxie est à une distance 3 fois supérieure, soit environ 42 milliards d'années-lumière. On parle donc de taille de l'Univers observable à ce jour égale à 42 milliards d'années-lumière.

Pour illustrer des valeurs de décalage spectral *z*, notamment quand il est grand, on peut dresser le tableau suivant :

<table>
<tr><th></th><th>Valeur de z</th><th>Date à laquelle le signal a été émis</th><th>Distance actuelle de notre galaxie</th></tr>
<tr><td>Amas de galaxies Virgo (un des plus proches amas de galaxies)</td><td>z = v/c
= 1 200/
300 000
= 0,004</td><td colspan="2">0,004 × 13,7 ≈ 55 millions al
(distance évaluée de 50 à 70)</td></tr>
<tr><td>Amas Corona Borealis (amas A2065 situé derrière cette constellation)</td><td>z = v/c
= 22 000/
300 000
= 0,073</td><td colspan="2">0,073 × 13,7 = 1 milliard al
(distance évaluée en fait à 1,23)</td></tr>
<tr><td>Quasar 3C273 (premier quasar observé)</td><td>z = v/c
= 47 000/
300 000
= 0,157</td><td>0,157 × 13,7 =
2,1 milliards al</td><td>2,4 milliards al</td></tr>
<tr><td>Quasar 3C9</td><td>2</td><td>9,8 milliards al</td><td>18 milliards al</td></tr>
<tr><td>A1689-zD1 (galaxie la plus lointaine)</td><td>7,6</td><td>13 milliards al</td><td>≈ 30 milliards al</td></tr>
<tr><td>Rayonnement de fond diffus cosmologique</td><td>1 100</td><td>300 000 ans après le Big Bang</td><td>z = 1 100 mesure le rapport entre la température initiale de 3 000 K et sa température actuelle de 2,73 K</td></tr>
</table>

Figure 6, tableau : Les deux premiers amas de galaxies sont les premier et troisième de la figure originelle de décalage spectral des raies de Hubble (figure 1 ci-dessus). On vérifie l'approximation correcte donnée par $z = v/c$, et au passage on vérifie de nouveau la loi de Hubble. Pour les grands décalages *z*, cette approximation n'est plus valable.

CHAPITRE 19

Les principaux équipements de l'astronomie et de l'astrophysique

Les équipements de l'astronomie et de l'astrophysique sont essentiels à leur avancement : télescopes terrestres, télescopes spatiaux, missions spatiales, sondes spatiales, etc. La conquête de l'espace, amorcée en 1957 avec le lancement de Spoutnik, a été une étape fondamentale en astrophysique[1]. C'est ainsi que la technologie, notamment spatiale (énergie, matériaux légers, télécommunications du vaisseau vers la Terre), aide la science fondamentale à valider ses théories, grâce à de nouveaux faits d'observation qui viennent nourrir de nouvelles interprétations. Nous ferons évidemment un choix parmi les nombreux équipements astronomiques et astrophysiques existant ou ayant existé ces dernières décennies ; nous mentionnerons ceux dont les résultats sont exposés dans le présent ouvrage.

---

1. Le lancement de Spoutnik par les Soviétiques a fait l'effet d'un coup de fouet pour les dirigeants américains, qui à partir des années 1960 vont lancer de très considérables efforts de recherche, dont le programme spatial, mais aussi d'autres programmes comme ceux de la DARPA (Defense Advanced Research Projects Agency) dont sera issu le réseau Internet.

Les télescopes terrestres

Le Very Large Telescope de l'Observatoire européen austral (European Southern Observatory, ESO) est installé depuis 1998 sur un plateau andin au nord du Chili, à 2 600 mètres d'altitude, loin de toute pollution lumineuse ; avec ses quatre télescopes principaux combinables, il constitue la puissance d'observation optique la plus importante au monde. C'est avec ses données observationnelles qu'a été émise en 2002 l'hypothèse de l'existence d'un trou noir au sein même de notre galaxie. Toujours sur les hauts plateaux andins, l'observatoire de Las Campanas, soutenu par la Carnegie Institution (celle qui avait déjà soutenu la création de l'observatoire du mont Wilson en 1904[1]), a permis à un astronome canadien d'observer le premier la supernova SN1987A dans le Grand Nuage de Magellan en 1987 (*cf.* chapitre 15).

Le mont du Mauna Kea[2], à 4 200 mètres d'altitude sur l'île de Hawaii, est un site exceptionnel d'observation : il regroupe une douzaine de télescopes optiques parmi les plus puissants au monde, dont le premier a été installé en 1967, qui remplacent progressivement les célèbres télescopes « historiques » du mont Wilson (près de Los Angeles), où Hubble formula sa loi de récession des galaxies, ou du mont Palomar (près de San Diego), atteints maintenant par la pollution lumineuse urbaine.

Le radiotélescope d'Arecibo (île de Porto Rico) n'est pas un télescope optique : comme son nom l'indique, il collecte les données radioastronomiques (signaux de faible puissance, de longueur d'onde supérieure à 0,3 millimètre) pour les astronomes du monde entier. Doté d'une antenne sphérique de 300 mètres de diamètre, il

---

1. Remarquons au passage le soutien très significatif des fondations privées américaines à l'astrophysique (et à la science fondamentale en général), ainsi que la permanence dans le temps de ce soutien, depuis un siècle.

2. Cette montagne a aussi une particularité peu connue : c'est la montagne terrestre la plus haute par rapport à sa base, puisqu'elle s'élève, sur la chaîne hawaïenne au fond du Pacifique, à 10,2 kilomètres de hauteur.

a été mis en service en 1963. Il fournit notamment les données exploitées par le programme SETI (Search for Extra-Terrestrial Intelligence, recherche d'intelligence extraterrestre), programme mondialement connu par son extension SETI@Home (SETI à la maison) : ce programme vise à déceler des signaux électromagnétiques émis, volontairement ou non, par une éventuelle civilisation extraterrestre ; des ordinateurs individuels peuvent s'y connecter *via* Internet et ainsi prêter leur puissance de calcul au programme d'exploitation des données reçues.

Figure 1 : L'antenne du radiotélescope d'Arecibo est posée sur le fond d'un volcan éteint de 300 mètres de diamètre (crédit National Astronomy and Ionosphere Center, NSF).

Les satellites d'observation et de mesure

Dès que ce fut possible, ont été mis sur orbite des satellites transportant des télescopes d'observation, non pour voir de plus près (ce qui n'a guère de sens à l'échelle de l'Univers), mais pour voir dans toutes les directions ou pour s'affranchir de la déformation des signaux par l'atmosphère terrestre.

Le plus connu des télescopes spatiaux est Hubble, pesant 11 tonnes et lancé en 1990 à 600 kilomètres d'altitude (il gravite autour de la Terre en 95 minutes). On lui doit de nombreux résultats :

— en 1994, l'observation de la chute de la comète de Shoemaker-Lévy sur Jupiter (*cf.* chapitre 9) ;

— en 1995, les superbes images de la nébuleuse de l'Aigle, pouponnière d'étoiles située dans la Galaxie, à 6 000 années-lumière de la Terre (*cf.* figure 5 du chapitre 11) ;

— en 2008, l'observation de ce qui est considéré actuellement comme la galaxie la plus lointaine[1], à 12,7 milliards d'années-lumière, A1689-zD1 (Hubble fut aidé en cela par la lentille gravitationnelle que constitue la galaxie Abell 1689, à 2,2 milliards d'années-lumière !).

Le satellite COBE (Cosmic Background Explorer) a été lancé fin 1989 à 900 kilomètres d'altitude. Sa mission était l'observation et la mesure du rayonnement de fond diffus : refroidi à l'hélium liquide à 1,5 K, et grâce à un interféromètre embarqué, il a pu vérifier la nature thermique de corps noir de ce rayonnement, à une température de 2,73 K, et son isotropie. John Matter et George Smoot, astrophysiciens américains, concepteurs de l'instrumentation interne de COBE, ont reçu le prix Nobel de physique en 2006.

Le satellite Hipparcos (High Precision Parallax Collecting Satellite) a été lancé en 1989 par *Ariane IV* (Agence spatiale européenne) à 36 000 kilomètres d'altitude ; de 1989 à 1993, il a permis de mesurer, par la méthode de la parallaxe, la distance de 2 millions d'étoiles.

1. La compétition est rude entre astronomes mondiaux pour ce record : en février 2004, une équipe franco-suisse avait annoncé l'observation d'Abell 1835 IR1916, une galaxie potentiellement éloignée de 13,2 milliards d'années-lumière : cette observation n'a pu se répéter par la suite, et cet objet semble avoir perdu son statut de candidat à la galaxie la plus lointaine.

Les points de Lagrange pour les orbites de satellites d'observation

Le fameux « problème des trois corps », l'un des plus difficiles de la mécanique céleste, permet de définir, dans le cas particulier d'un petit corps satellitaire (comme la Lune ou le télescope Hubble), des points où les influences gravitationnelles de la Terre et du Soleil s'égalisent. Cela a des applications dans la mise en orbite de satellites autour du Soleil.

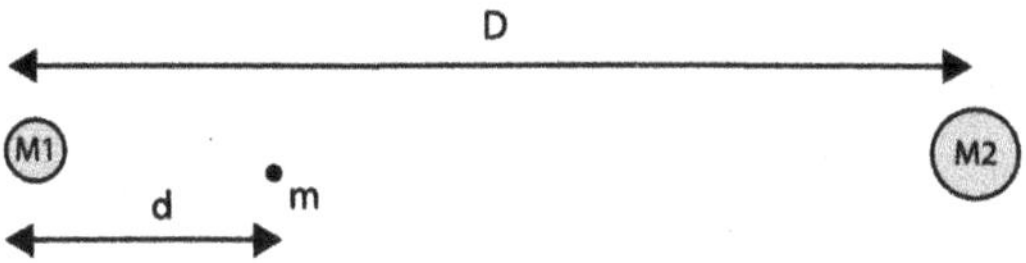

Le problème est simplifié avec $m << M_1$ et $d << D$. On égale d'une part la différence des accélérations de gravitation de la Terre et du Soleil s'appliquant au satellite, d'autre part l'accélération centrifuge du satellite autour du Soleil (ω étant sa vitesse angulaire) : $\frac{GM_2}{(D-d)^2} - \frac{GM_1}{d^2} = \omega^2(D-d)$. Le point de Lagrange est défini comme étant celui où le satellite a la même vitesse angulaire que la Terre, celle-ci étant définie par $\frac{GM_2}{D^2} = \omega^2 D$. Le point d'équilibre cherché est déterminé ainsi : $\frac{GM_2}{(D-d)^2} - \frac{GM_1}{d^2} = \frac{GM_2}{D^3}(D-d)$; si on développe en série le premier terme du membre de gauche, puisque $d << D$, on peut écrire : $\frac{GM_2}{(D-d)^2} - \frac{GM_1}{d^2} \simeq \frac{2GM_2 d}{D^3} + \frac{GM_2}{D^2} - \frac{GM_1}{d^2}$, en l'égalant au membre de droite :

$$\frac{2GM_2 d}{D^3} + \frac{GM_2}{D^2} - \frac{GM_1}{d^2} = \frac{GM_2}{D^3}(D-d) \text{ soit } \frac{3GM_2 d}{D^3} = \frac{GM_1}{d^2}$$

On voit que la position de Lagrange où le satellite a la même vitesse de rotation que la Terre se situe à

$$d_L = \left(\frac{M_1}{3M_2}\right)^{1/3} D$$

Pour le système Terre (M_1) – Soleil (M_2), le calcul donne une distance $d_L = (6 \times 10^{24} \ / \ 3 \times 2 \times 10^{30})^{1/3} \times 150\,000\,000$ km égale à 1 500 000 km (on vérifie au passage que d est petit devant D, environ 1 %). Un satellite d'observation placé en orbite solaire à ce premier point de Lagrange a la particularité de rester sur l'axe Terre-Soleil[1] en permanence : alors qu'il devrait aller plus vite que la Terre car plus proche du Soleil, sa rotation est ralentie par le champ de gravitation terrestre qui le « ramène » dans l'axe. Ainsi, le satellite SoHO (Solar and Heliospheric Observatory), lancé en 1995 pour observer l'activité solaire, est situé en ce point : dirigé vers le Soleil, il accompagne la Terre dans son mouvement de révolution autour du Soleil, restant à égale distance d'elle et proche, ce qui facilite les communications avec le satellite et sa surveillance.

Il existe un autre point de Lagrange, situé de manière exactement symétrique de l'autre côté de M_1 : sur la masse m, les deux attractions cette fois-ci s'ajoutent, et on égale cette somme à la force centrifuge.

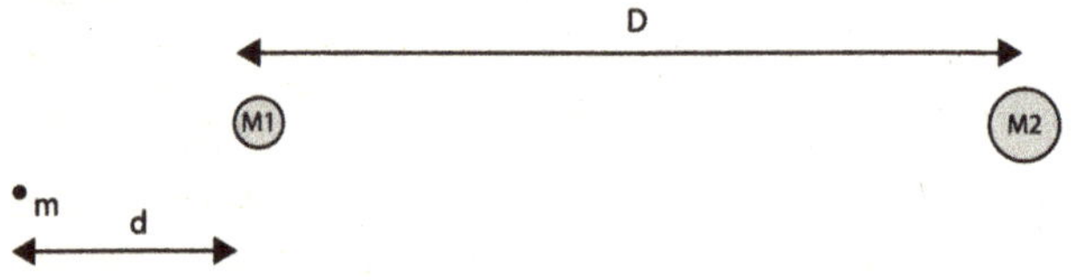

1. Cela ne doit pas être confondu avec une orbite géostationnaire (définie plus bas dans le chapitre), qui est une orbite autour de la Terre à distance bien moins élevée.

$\frac{GM_2}{(D+d)^2}+\frac{GM_1}{d^2} = (D+d)\omega^2 = (D+d)\,\frac{GM_2}{D^3}$, on aboutit au même résultat $d_L = \left(\frac{M_1}{3M_2}\right)^{1/3} D$. De manière symétrique au premier point de Lagrange[1], l'objet m devrait dans ce cas tourner plus lentement que la Terre autour du Soleil (car plus éloigné), et le champ de gravitation terrestre vient accélérer sa rotation : il tourne en même temps que la Terre autour du Soleil. Cette position est occupée par des satellites d'observation qui scrutent l'Univers profond vers la gauche de la figure ci-dessus : ils restent à distance d_L constante de la Terre (ce qui facilite le lien), ne sont pas gênés par la luminosité solaire car tournés à l'opposé, et balaient néanmoins 360° dans l'année puisque tournant avec la Terre autour du Soleil. Le satellite WMAP d'étude du fond cosmologique (chapitre 18) occupe cette position ; le James Webb Space Telescop, qui devrait remplacer Hubble en 2013, sera mis en orbite solaire en ce même point.

Les sondes spatiales

Les sondes Voyager 1 et 2, destinées à explorer les planètes du système solaire à partir de Jupiter et au-delà, furent lancées pendant l'été 1977 pour profiter d'un alignement exceptionnel des planètes : distance moindre à parcourir pour en atteindre plusieurs, et possibilité de « rebond », c'est-à-dire d'économie de carburant[2] quand la

1. On remarquera la similarité avec les marées (chapitre 5) : de la même manière qu'il existe deux points de marée haute, sous la Lune et de l'autre côté de la Lune, il existe deux points de Lagrange sur le même axe. Dans les deux cas, il s'agit d'un différentiel d'attraction appliqué à un système donné ; ce différentiel se traduit lors du développement en série par les termes en $1/D^3$, dans le cas des marées comme dans celui des points de Lagrange.
2. La conquête de l'espace, on le sait, c'est d'abord et avant tout la recherche du poids minimal, en carburant principalement, et donc la recherche des carburants au pouvoir énergétique le plus élevé possible.

sonde est entraînée par la planète dans son champ gravitationnel tout en avançant dans la direction d'une autre planète. Voyager 2, lancée en août 1977, a survolé Jupiter (août 1979), Saturne (août 1981), Uranus (janvier 1986), Neptune (août 1989). Trois cent soixante-dix ans après la lunette de Galilée observant en 1609 les satellites de Jupiter, Voyager 2 a permis de découvrir le volcanisme sur Io, un de ses satellites.

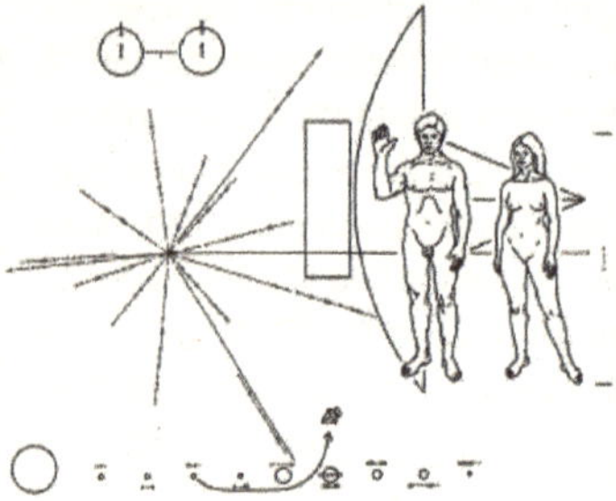

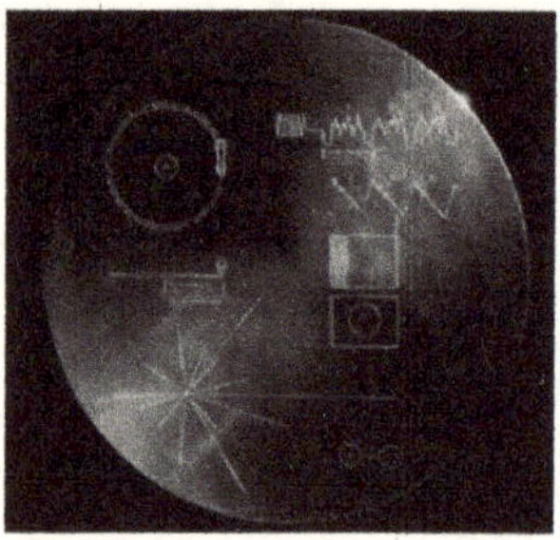

Figure 2 : *À gauche*, le message de l'Homme, simple plaque gravée embarquée dans les sondes Pioneer 10 et 11 en 1972. *À droite*, le couvercle du disque embarqué dans les deux sondes Voyager en 1977 : il s'agit là d'un disque d'enregistrement sonore, avec divers bruits terrestres (animaux, humains, vent, outils, etc.) ; le couvercle, plaque gravée comme celle de gauche, évoque diverses composantes du savoir humain ; ainsi, *en haut à gauche*, le codage binaire de la vitesse de rotation du disque nécessaire à sa lecture, exprimée en multiples de la fréquence unitaire de transition de l'atome d'hydrogène[1]... Sur les deux plaques, on remarque un symbole commun, à gauche sur la plaque de gauche : c'est la position de notre Soleil, donnée par la façon dont il capte les signaux de 14 pulsars, leur distance étant figurée par la longueur des lignes et leur intensité lumineuse par les nombres binaires inscrits sur chacune des lignes.

Les deux sondes sont les objets conçus par l'homme actuellement les plus éloignés de la Terre, à environ 12 heures-lumière : elles pourront fonctionner – c'est-à-dire transmettre des informations à la

1. Il a été dit à propos de cette plaque que, si par hasard extraordinaire des extraterrestres venaient à la trouver dans des millions d'années-lumière, la probabilité qu'ils puissent comprendre ce type de messages pouvait être elle aussi assez faible !

Terre – jusqu'en 2020. Passé cette date, elles continueront leur parcours dans l'espace en restant muettes, constituant néanmoins des « bouteilles à la mer » : au cas où d'éventuelles intelligences extraterrestres recueillent la sonde, un message à leur intention a été embarqué sur Voyager 2 – qui visitera dans 300 000 ans sa première étoile, Sirius, située à 8,6 années-lumière.

Les satellites GPS

Le système GPS actuel, ouvert à des applications industrielles et civiles en 1995 – avec une restriction de précision levée par les Américains en 2002 –, comprend 24 satellites à 20 000 kilomètres d'altitude. C'est la triangulation géodésique chère aux arpenteurs Maupertuis, Gauss, Humboldt, Biot, Arago, mais la mesure est cette fois-ci transposée dans l'espace ! Un récepteur GPS (comme celui de votre automobile) doit être vu par au moins quatre satellites, afin que puisse être résolu un système de quatre équations (trois pour les coordonnées de position et un pour le décalage de temps des signaux).

Le principe du GPS étant fondé sur la mesure du temps de parcours de signaux électroniques, il est important que les horloges au sol et en satellite soient bien synchronisées. Cette synchronisation est une des applications de la relativité restreinte et de la relativité générale, la formule de correction temporelle s'écrivant :

$$\Delta\omega/\omega = \Delta\Phi/c^2 - v^2/2c^2$$

— $\Delta\omega/\omega$ est le décalage de fréquence des horloges (au sol et embarquées en satellite), ce qui équivaut à un décalage de temps ;

— le premier terme $\Delta\Phi/c^2$ est lié à la relativité générale, il exprime la différence de champ gravitationnel entre les deux horloges (« effet Doppler gravitationnel ») ;

— le deuxième terme $v^2/2c^2$ est lié à la relativité restreinte, il exprime la différence de temps, sachant qu'une des horloges est embarquée dans un satellite de vitesse non négligeable par rapport à celle de la lumière (environ 14 000 km/h).

L'application numérique de cette formule donne une correction de 46 µs par jour pour le premier terme, et de 8 µs par jour dans l'autre sens pour le second terme, soit au total 38 µs par jour. Ce n'est pas négligeable, puisque 38 microsecondes-lumière équivalent à 11,4 kilomètres[1] : si les corrections de relativité n'étaient pas faites en permanence dans le GPS, il perdrait en précision 11,4 kilomètres par jour !

Les satellites météorologiques

Les premiers satellites météorologiques ont été lancés en 1960. Ils sont pour la plupart géostationnaires, à l'altitude de 36 000 kilomètres, situés dans le plan de l'équateur, couvrant en permanence la même portion de la Terre entre les deux cercles polaires. Le programme mondial de satellites météorologiques le plus connu est Meteosat : lancé en 1977, il est principalement mené par l'Agence spatiale européenne, et ses satellites sont fabriqués par Alcatel-Thales à Cannes. Les données satellitaires sont en permanence transmises aux centres de calcul dans le monde, pour les prévisions météorologiques mais aussi pour la prévention des catastrophes naturelles comme les ouragans : la météorologie est, avec la simulation nucléaire ou la géophysique pétrolière, un des domaines les plus consommateurs de puissance de calcul.

1. On calcule 38 µs × 300 000 km/s = 11,4 km.

Altitude de l'orbite géostationnaire

Il n'existe qu'une altitude où un satellite reste au-dessus d'un même point de la Terre, en suivant la rotation de la planète sur elle-même : cette altitude a pour nom « orbite géostationnaire » et vaut 36 000 kilomètres. Remarquons déjà que cette orbite est forcément dans le plan de l'équateur, c'est-à-dire qu'un satellite ne peut rester au-dessus d'un même point terrestre que si ce point est situé sur l'équateur. Raisonnons par l'absurde : si ce point n'est pas sur l'équateur, il suit dans la rotation de la Terre autour d'elle-même le tracé d'un parallèle ; or un satellite ne peut suivre un parallèle qui n'est pas l'équateur, car il orbite autour du centre de la Terre, donc autour d'un grand cercle. Le seul parallèle qui soit un grand cercle est l'équateur lui-même.

Le calcul de l'altitude géostationnaire est aisé : si ω est la vitesse angulaire de la Terre autour d'elle-même, le satellite a la même vitesse angulaire ω sur son orbite. L'accélération de gravitation à laquelle il est soumis doit correspondre à l'accélération d'un tel mouvement circulaire à vitesse ω :

$$G\frac{M_T}{(R_T+h)^2} \text{ (acc. gravitation)} = (R_T + h)\omega^2$$

$$\text{soit } (R_T + h)^3 = \frac{GM_T}{\omega^2}$$

L'altitude géostationnaire est indépendante de la masse du satellite. L'application numérique donne, avec G = constante de gravitation = $6{,}67 \times 10^{-11}$ N.m^2.kg^{-2}, R_T = rayon terrestre = 6 378 km, M_T = masse de la Terre = 6×10^{24} kg, ω = vitesse angulaire de la Terre = $2\pi/24 \times 3\,600$ s = $7{,}27 \times 10^{-5}$ s^{-1} : h = 35 928 km ≈ 36 000 km.

Les détecteurs d'ondes gravitationnelles

L'onde gravitationnelle, prédiction de la relativité générale, est de nature totalement différente de l'onde électromagnétique, puisqu'elle émane d'une force différente. Les télescopes terrestres et spatiaux sont destinés à capter des ondes électromagnétiques, quelle que soit leur fréquence. L'onde gravitationnelle, elle, correspond à la diffusion dans l'Univers de la déformation de l'espace-temps induite par le mouvement des masses qui s'y trouvent : de la même manière qu'une particule chargée accélérée produit une onde électromagnétique (effet synchrotron), une masse accélérée dans l'espace-temps produit une onde dite « gravitationnelle ». Comme tous les effets relativistes, ces ondes mettent en jeu de très grandes vitesses et ne sont pas aisément détectables. On a vu, à propos des pulsars, corps à rotation très rapide, qu'on avait pu détecter l'effet des ondes gravitationnelles – par exemple l'infime ralentissement de leur rotation : mais on n'a pu encore détecter une onde gravitationnelle effective. L'interféromètre franco-italien VIRGO, situé près de Pise, a précisément cet objectif : le rayon laser traversant chacun de ses bras perpendiculaires de 3 kilomètres de long est capable de détecter une déformation de l'espace-temps propagée par une onde gravitationnelle (celle-ci se traduirait par une différence de temps de parcours du rayon laser dans chacun des deux bras de l'interféromètre).

Un projet plus ambitieux encore, l'interféromètre LISA (Laser Interferometer Space Antenna), devrait être lancé par la NASA en 2018 : il s'agit de trois satellites situés sur un triangle équilatéral de 50 millions de kilomètres de côté, fonctionnant sur le même principe de différence de temps de parcours d'un laser pour la détection d'ondes gravitationnelles dans l'espace.

CHAPITRE 20

Les sujets de recherche actuels en astrophysique

Nous énumérons ici quelques sujets importants de recherche en astrophysique ; là aussi, comme dans le chapitre précédent, il s'agit d'un choix. Détailler ces sujets sortirait de l'optique de notre ouvrage, mais il nous a paru important de les faire figurer, même de manière brève.

La matière noire, ou masse manquante de l'Univers

Le bilan actuel du contenu de l'Univers conduit à 26 % de matière (le reste en énergie), dont 4,5 % de matière baryonique connue (atomes) et 0,5 % observée par les astronomes. Il « manque » donc 25,5 % de matière (26 – 0,5) qui échappent à notre observation : matière baryonique si froide qu'elle ne peut être observée par les moyens actuels, matière non baryonique à ce stade totalement inconnue (non composée d'atomes et de leurs particules élémentaires connues).

Ce bilan « massique » de l'Univers est fait à partir des équations cosmologiques du modèle standard, et est recoupé par une indication observationnelle simple de la masse manquante. On peut connaître, d'une part, la masse d'une galaxie donnée par la mesure de la vitesse de rotation de ses composants et par les lois de la dynamique ; on peut aussi calculer la masse d'une galaxie à partir de sa luminosité, comme pour les étoiles (*cf.* chapitre 14, relation masse-luminosité). Or, à la comparaison de ces calculs, la masse « dynamique » apparaît comme 10 à 100 fois supérieure à la masse « lumineuse », pour toutes les galaxies. Les composants d'une galaxie ont une vitesse de rotation beaucoup plus importante que prévu, ce qui corrobore le fait qu'il existe, en plus des masses connues, des masses d'une matière non visible, la matière noire, probablement des halos de grande taille situés autour des galaxies.

La théorie unifiée

Actuellement, la physique n'est pas capable d'expliquer les premiers instants de l'Univers : il y a en effet incompatibilité entre la physique quantique, physique de l'infiniment petit et de l'origine de la matière, et la relativité générale, physique de l'infiniment grand et de la cosmologie. Les dernières unifications de théories en physique datent de 1865 (Maxwell et ses lois unifiant électricité et magnétisme), et de 1915 (la relativité d'Einstein unifiant l'électromagnétisme et la gravitation). Einstein lui-même, à partir de son arrivée aux États-Unis en 1933, a été à la recherche d'une telle théorie de la gravitation quantique, unifiant relativité et physique quantique. À l'heure actuelle, la théorie des cordes est étudiée dans cet objectif par un certain nombre de physiciens théoriciens et d'astrophysiciens.

En ce qui concerne les modèles cosmologiques, le modèle dit « standard » s'appuyant sur le Big Bang est à l'heure actuelle de loin le plus solide : d'autres modèles ont été formulés au cours du XXe siècle (par exemple la théorie de l'état stationnaire, avec expansion compensée par une création de matière[1]), mais ils ne satisfont

1. Ce modèle avait été proposé notamment par l'astronome britannique Fred Hoyle (1915-2001) ; c'est lui qui, au cours d'une émission de télévision dans les années 1950, avait inventé le terme « Big Bang », par dérision vis-à-vis de cette théorie à laquelle il était opposé.

pas à de nombreuses observations, notamment celle du fond diffus cosmologique.

Les premiers âges de l'Univers

Au-delà de la compréhension des premières secondes de l'Univers, l'analyse des premiers milliards d'années de l'Univers a pour enjeu de comprendre son évolution ultérieure. La course à la galaxie la plus âgée – la plus lointaine – et l'observation des irrégularités du fond diffus cosmologique contribuent à cette analyse. À partir de quand et comment se sont formées les galaxies et leurs étoiles ? Pourquoi n'observe-t-on pas de quasars entre 2 et 10 milliards d'années-lumière ? Même si le modèle cosmologique du Big Bang et de l'expansion est conforme à toutes les observations actuelles, de nombreuses questions restent posées à l'astrophysique sur la formation des corps présents dans l'Univers.

Les trous noirs supermassifs, noyaux actifs de galaxie

Comme nous l'avons vu (*cf.* chapitre 16), les astrophysiciens supputent l'existence de trous noirs au centre de certaines galaxies. Ces trous noirs n'auraient rien à voir avec l'effondrement d'une étoile, ils seraient beaucoup plus massifs : ainsi, on pense qu'un trou noir de 2,7 millions de masses solaires réside au centre de notre galaxie. Les quasars, eux aussi, contiendraient un trou noir supermassif autour duquel une grande quantité de matière s'accrète, ce qui expliquerait l'énergie qu'ils rayonnent. Beaucoup de questions restent à élucider : pourquoi seules 5 à 10 % des galaxies semblent-elles posséder un trou noir noyau actif ? S'agit-il d'une simple phase dans la vie d'une galaxie ? Quelle est l'origine de ces trous noirs supermassifs ? Étant donné que le modèle de la fusion thermonucléaire des étoiles ne s'applique pas aux énergies immenses diffusées par les quasars, quel est leur modèle énergétique ?

Hautes énergies de l'Univers, étude des accélérateurs cosmiques

Un certain nombre de projets ont été lancés ou vont l'être sur ce sujet : le télescope spatial GLAST – rebaptisé Fermi Gamma Ray Space Telescope (lancé en juin 2008) –, le télescope terrestre HESS (High Energy Stereoscopic System) – baptisé ainsi en l'honneur du découvreur des rayons cosmiques Victor Hess – installé en Namibie depuis 2003, le réseau de télescopes CTA (Cherenkov Telescope Array). Ces projets permettent de gagner plusieurs ordres de grandeur pour l'analyse des très hautes énergies de l'Univers (*cf.* figure 2, chapitre 17). En liaison avec ces projets, un important potentiel de découvertes réside dans la compréhension des phénomènes suivants :

— la physique des « accélérateurs cosmiques » (pulsars, noyaux actifs de galaxie, quasars, etc.) et la production de rayons cosmiques ;

— la production de rayons gamma de très haute énergie, non explicables par nos connaissances actuelles en matière de production d'énergie ;

— la matière noire (*cf.* ci-dessus) ;

— les trous noirs et la gravité quantique ;

— la formation des structures cosmiques (étoiles et galaxies).

À la recherche d'exoplanètes

Ce n'est qu'à partir des années 1990 qu'on a pu observer des planètes d'autres étoiles, car leur visibilité est faible – elles reflètent la lumière de leur étoile. Ces exoplanètes, susceptibles d'abriter des formes de vie – ce que ne permet pas l'étoile elle-même –, suscitent l'intérêt des astrophysiciens, surtout depuis que la vie sur les planètes du système solaire, notamment sur Mars, a été exclue. La présence éventuelle d'oxygène dans l'atmosphère et d'eau à l'état liquide à la surface de la planète (deux caractéristiques de la Terre que ne partagent pas ses voisines Vénus et Mars) est un élément important d'analyse de l'existence d'une vie possible sur une exoplanète.

Le radiotélescope d'Arecibo a permis en 1992 de détecter autour du pulsar PSR B1257+12 (situé à environ 1 000 années-lumière) un système de trois planètes gravitant à distances très proches du pulsar, entre 0,2 et 0,5 UA. La première exoplanète gravitant autour d'une étoile classique a été découverte en 1995, autour de l'étoile 51 de la constellation de Pégase, à 50 années-lumière de la Terre. En avril 2007, la planète Gliese 581c a été découverte près de l'étoile Gliese (20 années-lumière, dans la constellation de la Balance) : cette planète pourrait avoir une température comprise entre 0 et 40 °C, ce qui autoriserait la présence d'eau sous ses trois états (gaz, liquide, solide), voire d'une forme de vie ; cependant, on ne peut envoyer de sonde à cette distance, celle-ci mettrait 300 000 ans pour y parvenir avec les techniques actuelles de propulsion. On recense actuellement environ 300 exoplanètes, aussi bien gazeuses que telluriques : il se pourrait que chaque étoile de notre galaxie soit entourée de planètes, mais cela reste à confirmer.

CHAPITRE 21

Un condensé d'indispensables

Nous reprenons ici les principaux points dégagés, chapitre par chapitre (indiqués par le signe §). Là aussi il s'agit d'une sélection, qu'il nous a paru utile de faire pour clore cet ouvrage.

§1. Ératosthène a évalué la circonférence terrestre en mesurant l'ombre d'un gnomon à Alexandrie le jour du solstice d'été à midi, en sachant que ce jour-là à Assouan il n'y avait pas d'ombre. Hipparque a mesuré la précession des équinoxes, mouvement périodique de 26 000 ans de l'axe de rotation de la Terre, induisant le changement de direction de l'axe des pôles dans l'espace et donc le changement d'« étoile polaire » selon cette période.

§2. L'inclinaison de l'axe des pôles est la cause des saisons et de la durée variable du jour et de la nuit. Elle définit trois zones différentes : polaires, avec la nuit permanente en hiver et le soleil de minuit en été ; tropicales, où le Soleil passe au zénith au moins une fois dans l'année et où les différences de saisons sont peu marquées ; tempérées, où ces différences sont marquées comme le sont les durées variables de jour et de nuit. L'inclinaison de 23,5° de l'axe des pôles correspond à la latitude des tropiques et à celle des cercles polaires mesurée à partir des pôles.

§3. La Lune « ment » : elle est décroissante quand elle forme un C, et croissante quand elle forme un D. La pleine lune n'est visible que la nuit, mais on peut voir les autres phases en plein jour : Lune décroissante le matin, croissante l'après-midi. Sa face cachée est liée à l'égalité (28 jours) de sa vitesse de rotation autour de la Terre et autour d'elle-même, due aux forces de marée exercées par la Terre sur la Lune.

§4. L'éclipse de Lune a nécessairement lieu lors des pleines lunes. Elle est spectaculaire par la lumière rougeâtre que diffuse l'atmosphère terrestre sur son satellite. L'éclipse de Soleil, elle, est un phénomène très localisé sur la surface terrestre.

§5. Les forces de marée correspondent à la différence d'attraction d'un astre sur un autre, selon que l'attraction est mesurée au centre ou à la périphérie de l'astre. Il existe généralement deux marées océaniques quotidiennes, ce cycle se décalant de 52 minutes par jour (1/28 de jour) en suivant le mouvement de la Lune autour de la Terre. Elles sont dues aux deux tiers à la force de gravitation exercée par la Lune sur la Terre, au tiers à celle exercée par le Soleil. Ces forces se conjuguent lors de la pleine lune. Celle due au Soleil est plus forte à l'équinoxe, quand il est au zénith à l'équateur, d'où les « marées d'équinoxe ». Les forces de marée ralentissent la rotation terrestre sur elle-même (comme elles l'ont fait pour la Lune) et provoquent l'augmentation de la distance Terre-Lune.

§6. La couleur bleue du ciel est due au fait que l'atmosphère terrestre diffuse de manière omnidirectionnelle les faibles longueurs d'onde de la lumière solaire, donc en priorité le bleu. Lors du soleil couchant, d'autres longueurs d'onde sont diffusées : n'apparaît plus en provenance du Soleil que la lumière à plus forte longueur d'onde, le rouge. La diffusion en altitude par l'atmosphère terrestre de la lumière solaire, même quand le Soleil s'est couché, est la cause du crépuscule ; il est plus sensible dans les régions tempérées que sous les tropiques. Lors du crépuscule, l'effet de réfraction conduit au relèvement apparent de la position du Soleil (on le voit alors qu'il est déjà sous l'horizon) et à son aplatissement. L'arc-en-ciel correspond à la réfraction double de la lumière solaire dans les gouttes d'eau d'un rideau de pluie ; il est observable le dos au Soleil, si celui-ci n'est pas trop haut dans le ciel (à 42° au maximum).

§7. L'ozone est le seul corps de l'atmosphère capable de réagir avec certains ultraviolets solaires dangereux, les ultraviolets plus forts réagissant avec le dioxygène de l'atmosphère. Les composés de type CFC (aérosols) menacent sa couche stratosphérique, car ils induisent une autre voie de réaction de l'ozone, qui ne réagit alors plus avec les ultraviolets. L'effet de serre est important pour la vie sur Terre : il permet que la température moyenne y soit 15 °C et non – 18 °C ; c'est l'augmentation de l'effet de serre qui est nuisible à la vie. Une planète conserve son atmosphère si la vitesse de libération reste supérieure à la vitesse thermique des gaz, sinon ceux-ci s'en échappent : Mercure ou la Lune n'ont pas d'atmosphère, la Terre ou Vénus en ont une ; au-delà de Jupiter, seuls l'hydrogène et l'hélium ont été conservés.

§8. Le champ magnétique terrestre est produit par effet de « dynamo auto-entretenue », dû au mouvement de rotation des masses de fer terrestres avec la Terre. Le pôle sud magnétique est actuellement situé près du pôle Nord géographique ; au cours des âges ont eu lieu des inversions de pôles, décelables dans les roches volcaniques. Les lignes du champ magnétique protègent la Terre des particules chargées du vent solaire : celles-ci sont détournées vers les pôles par les lignes de champ et provoquent les aurores boréales.

§9. Pluton a été mise en 2006 dans la catégorie nouvellement créée des planètes naines, suite à une révision à la baisse de sa masse et à la découverte de corps analogues (Éris) ; cela venait s'ajouter à ses caractéristiques gravitationnelles très différentes des planètes. Cérès, découverte en 1801, avait elle aussi été pendant cinquante ans considérée comme une planète. Le caractère spectaculaire des comètes est dû à leur chevelure (réfléchissant une grande quantité de lumière solaire par fluorescence) et à leur longue queue de plasma (toujours orientée à l'opposé du Soleil).

§10. Les météorites se décomposent en pierreuses (ou chondrites, pour 90 % d'entre elles) et ferreuses (ou sidérites, pour 10 %). Leur composition nous renseigne sur celle des astéroïdes, formés en même temps que le système solaire. L'extinction des dinosaures il y a 65 millions d'années pourrait être due à la chute d'une importante météorite à Chixculub (Mexique). Les étoiles filantes, ou météores, sont des phénomènes lumineux atmosphériques, correspondant souvent au passage de la Terre dans des poussières de comètes au cours de sa révolution.

§11. Vénus vue de la Terre est située à 46° au maximum du Soleil ; elle est observable à l'œil nu (avec une protection) le jour et quelque temps avant ou après le coucher du Soleil. Les étoiles visibles ne sont pas les mêmes dans les deux hémisphères. Le Petit et le Grand Nuage de Magellan sont les deux galaxies les plus proches de la Voie lactée ; elles ont été observées à l'œil nu au pôle Sud par l'équipage de Magellan en 1521.

§12. Römer a mesuré la vitesse de la lumière en 1676 en observant que les entrées et sorties d'éclipse des satellites de Jupiter nous parvenaient plus ou moins vite selon que la Terre, dans sa révolution autour du Soleil, se rapprochait de Jupiter ou s'en éloignait. L'aberration est une ellipse décrite par une étoile sur la voûte céleste, traduisant la vitesse de la Terre autour du Soleil et le caractère fini de la vitesse de la lumière. La parallaxe est une ellipse analogue, traduisant le mouvement annuel de la Terre autour du Soleil et dépendant de la distance de l'étoile : elle n'a pu être observée avant 1838 compte tenu de la grande distance des étoiles et de la précision des instruments de mesure. Toutes les étoiles ont un mouvement propre ; le Soleil, excentré dans la Voie lactée, tourne autour du centre de la Galaxie à une vitesse de 220 km/s.

§13. Trois découvertes de physique générale du XIXe siècle et du début du XXe vont s'appliquer à l'astronomie : la spectroscopie, permettant l'analyse du spectre des étoiles ; l'effet Doppler, permettant l'étude de leur mouvement propre ; le rayonnement du corps noir et la physique quantique, permettant d'expliquer le spectre des étoiles.

§14. La découverte de la fusion nucléaire permet d'expliquer la source d'énergie à l'origine de la durée de vie des étoiles. On visualise sur le diagramme de Hertzsprung-Russell les séquences de vie d'une étoile, notamment la « séquence principale » qui constitue la majeure partie de sa vie. Masse, température et luminosité des étoiles varient dans le même sens. Une étoile massive est chaude et lumineuse, elle a une durée de vie inférieure à une étoile peu massive.

§15. Une étoile est un équilibre entre forces gravitationnelles de contraction et pression thermique d'explosion. Au cours de sa vie, les cycles de fusion (hydrogène, hélium, carbone, etc., jusqu'au fer) ont vocation à se déclencher l'un après l'autre : quand un cycle est terminé, la pression thermique et la température diminuent, la force gravitationnelle reprend le dessus et provoque la contraction de l'étoile, et une augmentation de sa température, allumant le cycle de fusion suivant. Chacun des cycles de fusion démarre à une température plus élevée que le précédent, car la force de répulsion coulombienne entre protons augmente avec leur nombre. Pour les étoiles légères, ce processus s'arrête au premier cycle de fusion (hydrogène en hélium) : elles terminent leur vie en géante rouge, puis en naine blanche. Les étoiles lourdes voient les cycles de fusion aller jusqu'au fer inerte, au-delà duquel aucune réaction de fusion n'est possible : la dernière contraction gravitationnelle à ce stade est explosive, avec deux cas suivant la masse d'origine : une étoile massive (8 à 25 masses solaires) explose en supernova, le résidu devenant une étoile à neutrons très dense ; une étoile plus massive encore (plus de 25 masses solaires) forme un résidu de type trou noir. Les éléments chimiques de l'Univers proviennent de la nucléosynthèse primordiale (Big Bang – pour l'hydrogène et l'hélium), de la nucléosynthèse stellaire (réactions de fusion au sein des étoiles – pour les éléments jusqu'au fer) et de la nucléosynthèse explosive (explosions d'étoiles massives en supernova – pour les éléments plus lourds que le fer).

§16. Le pulsar est le signal de la rotation d'une étoile à neutrons, signal périodique observé comme un phare. Une étoile à neutrons est un corps très dense, mais qui peut encore émettre de la lumière ; un trou noir est un corps si dense que, la vitesse de libération à sa surface étant supérieure à la vitesse de la lumière, celle-ci ne peut s'en échapper. Cygnus X-1, observé à partir de 1965, est un « candidat trou noir » très sérieux, parmi d'autres. Les quasars, observés à partir de 1963, sont des objets très lumineux quoique très éloignés et de faible taille : leur émission dans le visible correspond au décalage vers le rouge de très hautes fréquences fortement énergétiques. Ils pourraient contenir un trou noir supermassif (différent d'un trou noir résidu de la mort d'une étoile) et expliquer le mécanisme de formation des galaxies. Le pulsar B1913+16 a permis de vérifier l'une des prédictions de la relativité générale, celle des ondes gravitationnelles. L'observation des quasars, très éloignés, se fait grâce à l'effet de « lentille gravitationnelle », lui aussi prédit par la relativité générale.

§17. Les rayons cosmiques ont été détectés pour la première fois sur Terre au début du XXe siècle. Ils proviennent d'événements cosmiques de haute énergie. À leur arrivée sur Terre, leurs protons heurtent les atomes de l'atmosphère et provoquent des « gerbes cosmiques » de particules élémentaires. Le mécanisme en est reproduit dans les accélérateurs de particules : forte accélération (à l'origine du rayon cosmique) et collision (à l'origine de la gerbe). La détection sur Terre des muons est une preuve de la dilatation des temps de la relativité restreinte.

§18. Plus une galaxie est lointaine, plus elle s'éloigne vite : c'est la théorie de l'expansion de l'Univers, d'après les observations de Hubble en 1929. Elle conduit au « modèle cosmologique standard », ou théorie du Big Bang, qui trouve une confirmation expérimentale avec la découverte du fond diffus cosmologique en 1963 : ce fond diffus est la trace actuelle, à très basse température 2,73 K, des photons issus de l'explosion primordiale, avant la formation des galaxies. La fuite des galaxies, le fond diffus, la répartition des éléments légers dans l'Univers (hydrogène et hélium, environ 75 %-25 % en masse) viennent à l'appui du modèle standard. Celui-ci donne un âge de l'Univers égal à 1/H (où H est la constante de Hubble), soit environ 13,7 milliards d'années ; toutefois, entre le moment où une galaxie très lointaine comme A1689-zD1, à 13 milliards d'années-lumière, a émis un signal lumineux et la distance effective qui nous sépare à présent de cette galaxie, l'Univers a été en expansion ; aussi parle-t-on d'une « taille de l'Univers observable » évaluée à 42 milliards d'années-lumière.

§19. Les satellites d'observation lancés depuis 1957 permettent d'éviter les effets néfastes de l'atmosphère pour l'observation de l'Univers. Ils peuvent être placés sur les points de Lagrange du système Terre-Soleil, à 1,5 million de kilomètres de la Terre, où ils suivent la Terre dans son mouvement autour du Soleil : cela facilite la communication avec eux. Les satellites météorologiques sont généralement placés en orbite géostationnaire, à 36 000 kilomètres : ils tournent autour de la Terre en restant à la verticale du même point. Le système GPS comprend 24 satellites situés à 20 000 kilomètres d'altitude ; il utilise deux corrections de temps déduites l'une de la relativité restreinte, l'autre de la relativité générale. Les sondes spatiales Voyager 1 et 2 ont été lancées en 1977 pour observer les planètes du système solaire ; même désactivées, elles poursuivent leur route dans l'Univers, emportant un message de l'humanité à destination d'une éventuelle vie extraterrestre.

§20. La matière noire est le nom donné à la masse manquante de l'Univers ; on peut en observer les effets, comme les vitesses de rotation importantes de certaines galaxies, laissant supposer une masse d'attraction non visible. La recherche d'une théorie unifiée (par exemple la théorie des cordes) entre la relativité et la physique quantique, actuellement non compatibles, pourrait permettre d'expliquer les premiers instants de l'Univers. Les faibles isotropies du rayonnement de fond diffus cosmologique sont analysées afin d'expliquer les premiers milliards d'années de l'Univers. L'étude des rayons cosmiques ou gamma vise à comprendre l'origine de ces phénomènes très énergétiques. Enfin, la recherche d'une forme de vie ailleurs que sur Terre anime l'observation des planètes extrasolaires, dont la première a été découverte en 1992.

> *... regardez l'univers, les étoiles qui brillent, milliards plein le firmament, bluffeuses... qu'elles sont mortes des milliards d'années !... évaporées !...*
>
> L. F. Céline, *Rigodon*.

Bibliographie

[1] Agnès ACKER, *Astronomie. Astrophysique. Introduction* (1978), Dunod 2005, 4e édition.

[2] Jean-Louis BASDEVANT, James RICH, Michel SPIRO, *Énergie nucléaire*, Les Éditions de l'École polytechnique, 2006.

[3] André BRAHIC, *Enfants du Soleil*, Odile Jacob, 1999.

[4] Jean-Noël CAPDEVIELLE, *Les Rayons cosmiques*, PUF, « Que sais-je ? », n° 729, 1984.

[5] Suzy COLLIN, conférence sur les quasars, séminaire d'histoire de l'astronomie à l'Observatoire de Paris (dir. J. Eisenstaedt), 24 octobre 2007.

[6] Thérèse ENCRENAZ, *Système solaire, systèmes stellaires*, Flammarion 1994 ; réédition, Dunod, 2005.

[7] Camille FLAMMARION, *Astronomie populaire*, C. Marpon et E. Flammarion, Paris, 1880.

[8] Joachim HERRMANN, *dtv-Atlas Astronomie*, Deutscher Taschenbuch Verlag Munich, 1993 ; traduction, *Atlas de l'astronomie*, Le Livre de Poche, 2006, 3e édition.

[9] Tony JONES, *Combien dure une seconde ?*, EDP Sciences, 2003.

[10] Daniel KUNTH, *Les Quasars*, Flammarion, « Dominos », 1998.

[11] Marc LACHIÈZE-REY (dir.), *La Recherche sur les origines de l'Univers*, Magazine *La Recherche*-Seuil, « Points », 1991.

[12] Marc LACHIÈZE-REY, *Initiation à la cosmologie* (1992), Dunod, 2005, 4e édition.

[13] Anny-Chantal LEVASSEUR-REGOURD, Philippe DE LA COTARDIÈRE, *Les Comètes et les Astéroïdes*, Seuil, « Points Sciences », 1997.

[14] André ROUGÉ, *Introduction à la relativité*, Les Éditions de l'École polytechnique, 2002.

[15] Denis SAVOIE, *Cosmographie*, Belin, « Pour la science », 2006.

[16] Evry SCHATZMANN (dir.), *Encyclopédie de la Pléiade, Astronomie*, NRF, 1962.

[17] Marc SÉGUIN, Benoît VILLENEUVE, *Astronomie et Astrophysique*, Masson, 1995.

[18] Joseph SILK, *The Big Bang*, W. H. Freeman & Co, 1980 et 1989 ; traduction, *Le Big Bang*, Odile Jacob, 1997.

[19] Marie-Christine DE LA SOUCHÈRE, *Une histoire de l'astronomie*, Ellipses, « L'esprit des sciences », 2006.

[20] François VANNUCCI, *L'Astronomie de l'extrême Univers*, Odile Jacob, 2007.

[21] Collectif, *Les Météorites*, Bordas-Muséum national d'histoire naturelle, 1996.

[22] Collectif, *Sciences de la Terre et de l'Univers*, Vuibert, 2006.

[23] Revue *Images de la physique 2005*, CNRS, aussi en ligne à www.spm.cnrs-dir.fr/actions/publications/IdP.htm

Index chronologique

Les principaux noms cités le sont ici par ordre chronologique d'année de naissance, ce afin de bien montrer quels scientifiques étaient contemporains. Cet index ne prétend pas à une liste exhaustive des astronomes et physiciens importants : elle correspond à ceux qui sont cités dans cet ouvrage.

HÉRACLIDE du Pont (env. 390 av. J.-C.-310 av. J.-C.), astronome et philosophe grec ; hypothèse de rotation de la Terre sur elle-même.

TIMOCHARIS d'Alexandrie (env. 320 av. J.-C.-260 av. J.-C.), astronome grec ; mesure de position d'étoiles par rapport à la Terre.

ARISTARQUE de Samos (env. 310 av. J.-C.-230 av. J.-C.), astronome grec ; hypothèse de l'héliocentrisme.

ÉRATOSTHÈNE de Cyrène (env. 276 av. J.-C.-194 av. J.-C.), directeur de la bibliothèque d'Alexandrie ; mesure du rayon terrestre.

HIPPARQUE (env. 190 av. J.-C.-120 av. J.-C.), astronome et mathématicien grec ; mesure de position d'étoiles, classement des magnitudes, découverte de la précession des équinoxes.

JULES CÉSAR (100 av. J.-C. – 44 av. J.-C.) ; calendrier julien.

PTOLÉMÉE (90-168), astronome grec ; système géocentrique.

Nicolas COPERNIC (1473-1543), astronome polonais ; système héliocentrique.

GRÉGOIRE XIII (1502-1585), pape italien ; calendrier grégorien.

Tycho BRAHE (1546-1601), astronome danois ; modèle géo- et héliocentrique combiné ; étude du mouvement des comètes.

Galileo GALILEI (1564-1642), astronome et physicien italien ; système héliocentrique, lunette astronomique, observations des satellites de Jupiter.

Johannes KEPLER (1571-1630), astronome allemand ; équations du mouvement des planètes, observation de novae.

Isaac NEWTON (1642-1727), mathématicien et physicien anglais ; théorie de la gravitation, décomposition spectrale de la lumière.

Ole RÖMER (1644-1710), astronome danois travaillant à l'Observatoire de Paris ; mesure de la vitesse de la lumière.

Edmond HALLEY (1656-1742), astronome anglais ; découverte de la comète qui porte son nom, étude du mouvement propre des étoiles.

James BRADLEY (1693-1762), astronome anglais, directeur de l'observatoire de Greenwich ; aberration des étoiles.

Pierre-Louis de MAUPERTUIS (1698-1759), mathématicien français ; mesures de l'aplatissement de la Terre.

Charles MESSIER (1730-1817), astronome français ; catalogue des objets célestes.

Joseph-Louis LAGRANGE (1736-1813), mathématicien et physicien franco-italien ; points de Lagrange d'une trajectoire orbitale.

William HERSCHEL (1738-1822), astronome anglais ; découvre la planète Uranus.

Gaspard MONGE (1746-1818), mathématicien français ; analyse du phénomène du mirage.

Pierre-Simon marquis de LAPLACE (1749-1827), mathématicien, physicien et astronome français ; mécanique céleste, intuition des trous noirs.

Jean-Baptiste BIOT (1774-1862), physicien et astronome français ; géodésie, nature extraterrestre des météorites.

Friedrich Wilhelm BESSEL (1784-1846), mathématicien et astronome allemand ; mesure de la première parallaxe.

François ARAGO (1786-1853), physicien, astronome et vulgarisateur scientifique français ; géodésie, mesures de la vitesse de la lumière.

Joseph von FRAUNHOFER (1787-1826), physicien allemand ; inventeur de la spectroscopie.

Christian DOPPLER (1803-1853), physicien allemand ; effet Doppler-Fizeau pour les ondes lumineuses.

Robert BUNSEN (1811-1899), chimiste allemand ; méthode d'analyse spectrale des éléments chimiques.

Urbain LE VERRIER (1811-1877), astronome français ; découverte de la planète Neptune.

Léon FOUCAULT (1819-1868), physicien français ; pendule de Foucault, gyroscope.

Hippolyte FIZEAU (1819-1896), physicien français ; effet Doppler appliqué aux ondes lumineuses.

Gustav KIRCHHOFF (1824-1887), physicien allemand ; méthode d'analyse spectrale des éléments chimiques.

Robert POGSON (1829-1891), astronome anglais ; formule de magnitude apparente des étoiles.

Camille FLAMMARION (1842-1925), astronome et vulgarisateur français.

Joseph LARMOR (1857-1942), physicien irlandais ; modèle de la dynamo auto-entretenue pour le champ magnétique terrestre.

Max PLANCK (1858-1947), physicien allemand, prix Nobel de physique 1918 ; théorie des quanta, rayonnement du corps noir, constante de Planck.

Bernard BRUNHES (1867-1910), géophysicien français ; mise en évidence d'une inversion de champ magnétique terrestre.

Karl SCHWARZSCHILD (1873-1916), astrophysicien allemand ; le premier à trouver une solution aux équations d'Einstein de la relativité générale.

Ejnar HERTZSPRUNG (1873-1967), astronome danois ; relation température-luminosité des étoiles (diagramme de Hertzsprung-Russel).

Vesto SLIPHER (1875-1969), astronome américain ; observe les décalages de spectre des étoiles.

Henry RUSSELL (1877-1957), astronome américain ; relation température-luminosité des étoiles (diagramme de Hertzsprung-Russel).

Albert EINSTEIN (1879-1955), physicien américain d'origine allemande, prix Nobel de physique 1921 ; théories de la relativité, fondements de la cosmologie.

Arthur EDDINGTON (1882-1944), astrophysicien anglais ; mesure la déflexion de la lumière lors de l'éclipse de 1919 ; relation masse-luminosité des étoiles.

Victor HESS (1883-1964), astronome autrichien, prix Nobel de physique 1936 ; découverte des rayons cosmiques.

Alexandre FRIEDMAN (1888-1927), mathématicien russe ; équations de l'expansion de l'Univers.

Sidney CHAPMAN (1888-1970), astronome et géophysicien britannique ; cycle d'équilibre de l'ozone.

Edwin HUBBLE (1889-1953), astronome américain ; loi de récession des galaxies.

Abbé Georges LEMAÎTRE (1894-1966), astronome et philosophe belge ; équations de l'expansion de l'Univers.

Pierre AUGER (1899-1993), physicien français ; observation des gerbes cosmiques.

Jan OORT (1900-1992), astronome néerlandais, directeur de l'observatoire de Leyde ; nuage de comètes aux confins du système solaire (50 000 UA).

George GAMOW (1904-1968), physicien et vulgarisateur scientifique américain d'origine russe ; hypothèse de la nucléosynthèse primordiale, du fond diffus cosmologique.

Gerard KUIPER (1905-1973), astronome américain ; ceinture d'astéroïdes de Kuiper à 55 UA.

Clyde TOMBAUGH (1906-1997), astronome américain ; découverte de Pluton.

Hans BETHE (1906-2005), astrophysicien germano-américain, prix Nobel de physique 1967 ; émet l'idée de la fusion nucléaire dans les étoiles.

Fred HOYLE (1915-2001), astronome britannique ; promoteur d'un modèle non standard de création continue de matière ; inventeur du terme « Big Bang ».

Antony HEWISH (né en 1924), astrophysicien britannique, prix Nobel de physique 1974 ; observation du pulsar PSR B1919+21.

Eugene SHOEMAKER (1928-1997), astronome américain ; comète de Shoemaker-Lévy, analyse du Meteor Crater.

James CRONIN (né en 1931), physicien américain, prix Nobel de physique 1980 ; physique des particules, conception de l'observatoire Auger des rayons cosmiques.

Arno PENZIAS (né en 1933), physicien américain, prix Nobel de physique 1978 ; découverte du rayonnement de fond diffus cosmologique.

Robert WILSON (né en 1936), physicien américain, prix Nobel de physique 1978 ; découverte du rayonnement de fond diffus cosmologique.

Jocelyn BELL (née en 1943), astrophysicienne britannique ; observation du pulsar PSR B1919+21.

George SMOOT (né en 1945), astrophysicien américain, prix Nobel de physique 2006 ; instrumentation du satellite COBE, anisotropies du rayonnement de fond diffus.

John MATHER (né en 1945), astrophysicien américain, prix Nobel de physique 2006 ; instrumentation du satellite COBE, anisotropies du rayonnement de fond diffus.

Remerciements

J'ai le plaisir de remercier Jean-Louis Basdevant, professeur honoraire de physique de l'École polytechnique, Pierre Encrenaz, astrophysicien à l'Observatoire de Paris, membre de l'Académie des sciences, et Philippe Nassiet, professeur de sciences physiques, pour leur intérêt porté au projet, leur relecture du manuscrit et leurs pertinentes observations.

Je remercie mes lecteurs Freddy Binon (de Bruxelles) et Gérard Quetsch (de Bertrange, Luxembourg) pour leurs remarques sur la première édition du présent ouvrage.

Table

CHAPITRE 4

La Lune, les éclipses

CHAPITRE 5

La Lune, les marées

CHAPITRE 6

Effets optiques de l'atmosphère

CHAPITRE 7

L'atmosphère protectrice

CHAPITRE 8

La magnétosphère protectrice

CHAPITRE 9

Planètes, astéroïdes, comètes

CHAPITRE 10

Météores et météorites

CHAPITRE 11

Quelques observations astronomiques

CHAPITRE 12

L'astrométrie, mesure de la position des étoiles

CHAPITRE 13

Naissance de l'astrophysique

CHAPITRE 14

Vie et mort des étoiles

CHAPITRE 15

Vie et mort des étoiles (2)

CHAPITRE 16

Pulsars, quasars

CHAPITRE 17

Les rayonnements cosmiques de haute énergie

CHAPITRE 18

La théorie du Big Bang

CHAPITRE 19

Les principaux équipements de l'astronomie et de l'astrophysique

CHAPITRE 20

Les sujets de recherche actuels en astrophysique

CHAPITRE 21

Un condensé d'indispensables

Ouvrage publié sous la responsabilité
éditoriale de Gérard Jorland

Cet ouvrage a été transcodé et mis en pages
chez Nord Compo (Villeneuve-d'Ascq)

Achevé d'imprimer en octobre 2015
sur les presses numériques de l'Imprimerie Maury S.A.S.
Z.I. des Ondes – 12100 Millau

N° d'impression : J15/53064L
N° d'édition : 7381-3017-2
Dépôt légal : octobre 2013

Imprimé en France